Fertigung asphärischer monokristalliner Diamantwerkzeuge

Von der Fakultät für Maschinenwesen
der Rheinisch-Westfälischen Technischen Hochschule Aachen
zur Erlangung des akademischen Grades eines
Doktors der Ingenieurwissenschaften
genehmigte Dissertation

vorgelegt von

Andreas Sobotka

Berichter:

Univ.-Prof. Dr.-Ing. Christian Brecher
Prof. Dr.-Ing. habil. Carsten Heinzel

Tag der mündlichen Prüfung: 15. April 2015

ERGEBNISSE AUS DER PRODUKTIONSTECHNIK

Andreas Sobotka

Fertigung asphärischer monokristalliner Diamantwerkzeuge

Herausgeber:
Prof. Dr.-Ing. Dr.-Ing. E.h. Dr. h. c. Dr. h. c. F. Klocke
Prof. Dr.-Ing. Dipl.-Wirt. Ing. G. Schuh
Prof. Dr.-Ing. C. Brecher
Prof. Dr.-Ing. R. H. Schmitt

Band 22/2015

WZL | RWTH AACHEN UNIVERSITY

Fraunhofer IPT

Bibliografische Information der Deutschen Nationalbibliothek
Die Deutsche Nationalbibliothek verzeichnet diese Publikation in der Deutschen Nationalbibliografie; detaillierte bibliografische Daten sind im Internet über http://dnb.ddb.de abrufbar.

Andreas Sobotka:

Fertigung asphärischer monokristalliner Diamantwerkzeuge

1. Auflage, 2015

Gedruckt auf holz- und säurefreiem Papier, 100% chlorfrei gebleicht.

Apprimus Verlag, Aachen, 2015
Wissenschaftsverlag des Instituts für Industriekommunikation und Fachmedien an der RWTH Aachen
Steinbachstr. 25, 52074 Aachen
Internet: www.apprimus-verlag.de, E-Mail: info@apprimus-verlag.de

Druck: KN Digital Printforce GmbH, Stuttgart

ISBN 978-3-86359-325-4

D 82 (Diss. RWTH Aachen University, 2015)

Vorwort

Preamble

Diese Dissertation entstand im Rahmen meiner Tätigkeit als wissenschaftlicher Mitarbeiter im Bereich Produktionsmaschinen am Fraunhofer-Institut für Produktionstechnologie IPT in Aachen.

Ich danke Herrn Univ.-Prof. Dr.-Ing. Christian Brecher für die mir gegebene Möglichkeit zur Promotion an seinem Lehrstuhl und die Betreuung der Arbeit. Ebenso danke ich Herrn Prof. Dr.-Ing. habil. Carsten Heinzel für die Durchführung der Zweitkorrektur und das Interesse an der Arbeit. Weiterhin danke ich Herrn Univ.-Prof. Dr.-Ing. Jörg Feldhusen für die Übernahme des Prüfungsvorsitzes.

Herrn Dr.-Ing. Christian Wenzel danke ich dafür, dass er mich von dem hier vorliegenden Dissertationsthema überzeugt hat und diese Arbeit final durchgesehen hat. Genauso möchte ich mich bei Herrn Dr.-Ing. Philipp Kolb und Herrn Christoph Baum für die kritische Durchsicht des Manuskripts bedanken.

Zur Erstellung dieser Arbeit haben weitere Personen einen Anteil dazu beigetragen. Dank der angenehmen Arbeitsatmosphäre und Kompetenz der Kollegen war die Zusammenarbeit immer gut und erfolgreich. An erster Stelle möchte ich hier Herrn Dieter Stenzel erwähnen, der die in der Arbeit behandelte Maschine sehr gut konstruiert hat. Frau Inge Brunner danke ich für die Erstellung der Fertigungszeichnungen. Bei der Charakterisierung der Maschine haben Herr Simon Charlier und Herr Michel Klatte ihr Fachwissen eingebracht. Hierfür möchte ich mich an dieser Stelle bedanken. Mein Dank gilt zudem den Herren Matthias Schmölders, Thierry Djetchoang Youta und Ralf Beyer, welche als Hiwis und Studienarbeiter ihren Anteil an der Arbeit haben. Schließlich möchte ich mich noch bei Herrn Dr.-Ing. Phillip Utsch bedanken, der mir das Forschungsprojekt für die Diamantschleifmaschine übergeben hat und immer ein Vorbild als Gruppenleiter war.

Allen denen die hier nicht namentlich erwähnt sind und mich bei meiner Arbeit unterstützt haben möchte ich meinen Dank aussprechen. Dies beinhaltet auch das kollegiale und förderliche Arbeitsumfeld, so dass mir das gemeinsame Arbeiten stets Freude bereitet hat.

Mein spezieller Dank gilt meinen Eltern, welche mir meine Ausbildung erst ermöglicht haben. Daneben haben sie meinen Werdegang stets mit Interesse verfolgt auch wenn diese Dissertation in einem ihnen fremden Fachbereich angesiedelt ist.

Ganz besonders möchte ich meiner lieben Frau Vicki danken, die mir nicht nur den Rücken freigehalten hat, um diese Arbeit zu erstellen, sondern sich auch die Mühe gemacht hat, die entsprechenden Abschnitte der Arbeit in ihre Muttersprache zu übersetzen.

Andreas Sobotka　　　　Köln, Mai 2015

Teile dieser Arbeit wurden bereits in der 65. Auflage des Jahrbuchs Schleifen, Honen, Läppen und Polieren erschienen 2011 im Vulkan-Verlag vorveröffentlicht. Die jeweiligen Bilder und Texte sind entsprechend gekennzeichnet: [BREC11].

Inhaltsverzeichnis

Contents

Formelzeichen und Abkürzungsverzeichnis

Formulas, Symbols and Abbreviations

Großbuchstaben

A_i	-	Asphärenkoeffizient
E_{xi}	-	Effekt des i-ten Faktors
F	-	Bearbeitungsrichtung
F	N	Kraft
F_G	N	Gewichtskraft
F_p	N	Anpresskraft
F_{tcp,m_x}	N	gemessene Kraft am TCP in x-Richtung
F_{tcp,m_y}	N	gemessene Kraft am TCP in y-Richtung
F_{tcp_x}	N	Modellkraft am TCP in x-Richtung
F_{tcp_y}	N	Modellkraft am TCP in y-Richtung
F_x	N	Prozesskraft in x-Richtung
F_y	N	Prozesskraft in y-Richtung
F_z	N	Prozesskraft in z-Richtung
M_{Si}	-	Mittelachse der Schleifscheibe an der Position i
P	-	Periodic Bond Chain Vector
P_{Mi}	-	Schnittpunkt der Mittelachse M_{Si} mit der Schleifscheibe an der Position i
P_{ri}	-	Kontaktpunkt mit der Schleifscheibe an der Position i
P_{Si}	-	Schnittpunkt der Mittelachse M_{Si} mit der Werkzeugkontur an der Position i
P_t	µm	Formabweichung
R	mm	Scheitelradius
R_t	µm	Rautiefe
S_i	-	Schleifscheibe an der Position i
W_r	µm	Radiuswelligkeit

Kleinbuchstaben

a	mm	Abstand zur vorderen Lagerung
b	mm	Breite
b	mm	Lagerabstand
b_A	µm	Ausbruchsbreite
b_d	mm	Breite des Diamanten
b_k	mm	Konturbreite
c	mm	Abstand zum Schwerpunkt
g	m/s²	Fallbeschleunigung
h_W	mm	Abstand Tastspitze zur Spanfläche
k	-	konische Konstante
$k\varphi_{x,c}$	N/rad	Kippsteifigkeit der C-Achse um die x-Achse
$k\varphi_{x,sp}$	N/rad	Kippsteifigkeit der Spindel um die x-Achse
$k\varphi_{y,c}$	N/rad	Kippsteifigkeit der C-Achse um die y-Achse
kz_c	N/µm	Steifigkeit der C-Achse in z-Richtung
kz_{sp}	N/µm	Steifigkeit der Spindel in z-Richtung
$l_{x,c}$	mm	Hebelarm in x-Richtung zur C-Achse
$l_{x,sp}$	mm	Hebelarm in x-Richtung zur Spindel
$l_{y,c}$	mm	Hebelarm in y-Richtung zur C-Achse
$l_{y,sp}$	mm	Hebelarm in y-Richtung zur Spindel
l_z	mm	Auskragung in z-Richtung
$l_{z,c}$	mm	Hebelarm in z-Richtung zur C-Achse
l_2	mm	Hebelarm in z-Richtung zur Spindel
m	-	Anzahl möglicher Achskombinationen
m	kg	Masse
m_{ges}	-	Gesamtanzahl möglicher Achskombinationen
n	-	Anzahl der Achsen
n_c	1/min	Drehzahl der C-Achse
n_{einzel}	-	Anzahl der Effekte ohne zugeordneten Faktor
n_f	-	Anzahl der Faktoren
n_l	-	Anzahl der Faktorstufen
n_r	-	Anzahl der Versuche, Versuchsaufwand

n_+	-	Anzahl der positiven Vorzeichen
p	-	Stapelung der Achsen
r	mm	Radius
$r(\varphi)$	mm	Radius abhängig vom Winkel φ
r_β	nm	Schneidkantenradius
r_d	mm	Radiusabstand zum Diamant
r_{ex}	mm	Exzenterradius
r_ε	mm	Eckenradius
r_s	mm	Radius zum Schwerpunkt
r_{sa}	mm	äußerer Radius der Schleifscheibe
r_{si}	mm	innerer Radius der Schleifscheibe
t	-	t-Wert
t_A	µm	Ausbruchstiefe
v_{abs}	m/s	gesamte Schnittschwindigkeit
v_{ex}	m/s	Schnittgeschwindigkeitsanteil der Exzenterspindel
v_s	m/s	Schnittgeschwindigkeit
v_{sp}	m/s	Schnittgeschwindigkeitsanteil der Schleifscheibe
x	mm	Werkzeugposition in Querrichtung
$x_{d'}$	mm	Ort des Diamantwerkzeugs in x-Koordinate
x_i	-	Messwert i
x_{i+}	-	Messwert i mit positivem Vorzeichen
x_{i-}	-	Messwert i mit negativem Vorzeichen
$y_{d'}$	mm	Ort des Diamantwerkzeugs in y-Koordinate
$z(x)$	mm	Pfeilhöhe
$z_A(x)$	mm	Pfeilhöhe der Asphäre
$z_K(x)$	mm	Pfeilhöhe des Kreises

Griechische Buchstaben

α	°	Winkelposition der A-Achse
α_0	°	Freiwinkel
β	°	Winkelposition der B-Achse
β_0	°	Keilwinkel
$\delta\varphi_{x,c}$	rad	Verkippung der C-Achse um die x-Achse
$\delta\varphi_{y,c}$	rad	Verkippung der C-Achse um die y-Achse
ΔAB_z	mm	Achsversatz zwischen A- und B-Achse in z-Richtung
ΔAS_y	mm	Versatz zwischen A-Achse und Spanfläche
Δr	mm	Radiusfehler
Δx	mm	Abstand in x-Richtung
Δx	mm	Verlagerung in x-Richtung
Δy	mm	Verlagerung in y-Richtung
$\Delta z_{c,geo}$	µm	geometrische Ungenauigkeit der C-Achse in z-Richtung
$\Delta z_{c,lin}$	µm	lineare Verlagerung der C-Achse in z-Richtung
$\Delta z_{c,rot}$	µm	Verlagerung der C-Achse in z-Richtung infolge der Verkippung
Δz_{ges}	µm	gesamte Verlagerung in z-Richtung
$\Delta z_{sp,lin}$	µm	lineare Verlagerung der Spindel in z-Richtung
$\Delta z_{sp,rot}$	µm	Verlagerung der Spindel in z-Richtung infolge der Verkippung
ε	rad	Kippwinkel
γ	°	Winkel zwischen zwei Positionen
γ	°	Winkel zur y-Achse
γ_0	°	Spanwinkel
φ	°	Winkelposition der Schleifscheibe
φ_0	°	Öffnungswinkel
κ_l	°	Lateralwinkel
κ_0	°	Spitzenwinkel
ω_{ex}	1/s	Drehfrequenz der C-Achse
ω_s	1/s	Drehfrequenz der Schleifscheibe

Θ	°	Winkelposition der C-Achse

Abkürzungen

AE	Acoustic Emission
AKS	Axialkonturschleifen
Ar	Argon
ArF	Argonfluorid
CG	Corrugated graphite
CNC	Computerized Numerical Control
Co	Kobalt
CVD	Chemical Vapour Deposition
d.h.	das heißt
DIN	Deutsches Institut für Normung
DoE	Design of Experiments
H^+	ionisierter Wasserstoff
HOG	Highly orientated graphite
HPHT	High Pressure High Temperature
k.A.	keine Angabe
KNO_3	Kaliumnitrat
KOH	wässriges Kaliumhydroxid
MIN	Minimum Significant Factor Effect
MCD	Monocrystalline Diamond
MKD	Monokristalliner Diamant
MW	Mikrowellen
NC	Numerical Controlled
NG	Nanocrystalline graphite
NiP	Nickelphosphor
O_2	Sauerstoff
PBC	Periodic Bond Chain
PCD	Polycrystalline Diamond
PKD	Polykristalliner Diamant
SPS	Speicher Programmierbare Steuerung

TCP	Tool-Centre-Point
u.a.	unter anderem
UP	Ultrapräzision

1 Einleitung

Hochgenaue monokristalline Diamantwerkzeuge werden zur Fertigung von Metallspiegeln für den Einsatz in CO_2-Lasersystemen, die Endbearbeitung von Formen für den Spritzguss optischer Bauteile oder die Herstellung von hochpräzisen Mikrostrukturen in Nichteisenmetallen verwendet. Die Diamantwerkzeuge, welche zur Kategorie der Zerspanwerkzeuge mit geometrisch bestimmter Schneide zählen, sind bezüglich ihrer Geometrie an konventionelle Drehwerkzeuge angelehnt (Bild 1.1), verfügen jedoch auf Grund der Härte des Diamanten und des speziellen Herstellungsverfahrens über kleinste Schneidkantenradien. Damit können mit diesen Werkzeugen Formgenauigkeiten im Sub-µm-Bereich und Oberflächengüten bis unter 10 nm Ra auf den hiermit bearbeiteten Bauteilen erzielt werden [KOLB10]. Großflächige Prägemasterwerkzeuge, wie sie beispielsweise für die Herstellung von Lichtlenkungsplatten in 3D-Fernsehern verwendet werden [JOHN05, HASE90], lassen sich über die Prozesse Hobeln und Fly-Cutten unter Einsatz von Diamantwerkzeugen zerspanend fertigen. Bisher verfügbare Diamantwerkzeuge haben eine Radiusform, so dass asphärische Strukturen über ein Abzeilen, wie Fertigungsvariante 1 in Bild 1.1 zeigt, gefertigt werden müssen. Ein Masterwerkzeug für einen 42 Zoll Fernseher benötigt eine Fertigungszeit von 283,7 h bei einer Oberflächengüte von 200 nm Ra. [BREC11]

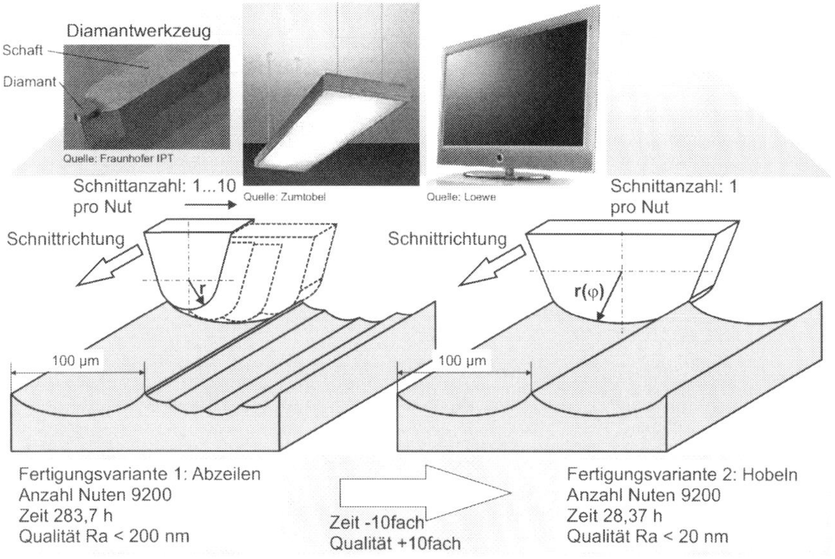

Bild 1.1: Motivation für asphärische monokristalline Diamantwerkzeuge [BREC11]
Motivation for aspheric monocrystalline Diamond Tools

Im Gegensatz dazu kann durch die Verwendung eines Konturwerkzeugs, welches das Negativ der zu fertigenden Struktur bildet, die Schnittanzahl pro Nut auf eins reduziert werden. Dies zeigt Fertigungsvariante 2 in Bild 1.1. Folglich verringert sich die Fertigungszeit signifikant um den Faktor 10 auf 28,4 h. Gleichzeitig kann eine um den Faktor 10 verbesserte Oberflächenrauheit erzielt werden, da keine kinematische Rauheit beim Fertigen einer Nut entsteht. Diese Diamantwerkzeuge sind jedoch zurzeit nicht verfügbar. [BREC11]

Wie am Beispiel dargelegt, werden Diamantwerkzeuge überwiegend in der optischen Industrie eingesetzt. Die optische Industrie wird als eine Zukunftsbranche des 21. Jahrhunderts angesehen [BMBF10]. In diesem Zusammenhang wurde die Aussage getätigt, dass das 20. Jahrhundert das Jahrhundert des Elektrons war und das 21. Jahrhundert das Jahrhundert des Photons wird [LITF07]. Allein in Deutschland wurde für das Jahr 2012 ein Umsatzplus von 10% erwartet bei einer Beschäftigtenzahl von 135.000 [SPEC12]. Die Wichtigkeit dieser Branche wird dadurch unterstrichen, dass das Bundesministerium für Bildung und Forschung (BMBF) ein Forschungsprogramm mit entsprechender Förderung sowohl für Unternehmen als auch für Forschungseinrichtungen [BMBF11] aufgesetzt hat. Die in dieser Arbeit adressierten asphärischen monokristallinen Diamantwerkzeuge zielen auf die Anwendungsfelder Flachdisplays und Beleuchtungstechnik ab, welche mit einem Anteil von 35% im Bereich der optischen Industrie das größte Anwendungsfeld darstellen [SPEC12].

Um die wirtschaftlich Stärke und Bedeutung der optischen Industrie beizubehalten, bedarf es ständiger neuer Innovationen. Durch asphärische monokristalline Diamantwerkzeuge für die Ultrapräzisionszerspanung können Zukunftsmärkte bedient werden und innovative technische Entwicklungen angestoßen werden. Zurzeit sind diese jedoch nicht Stand der Technik, sodass mit Radiusgeometrien gefertigt wird. Dazu kommt, dass Hersteller von monokristallinen Diamantwerkzeugen überwiegend kleine und mittlere Unternehmen sind, die entweder nicht über die finanziellen Mittel oder Kapazitäten verfügen, um diese technische Weiterentwicklung durchzuführen. Neben der Prozessentwicklung zum Schleifen asphärischer monokristalliner Diamantwerkzeuge muss hierfür auch ein entsprechendes Maschinensystem aufgebaut werden. Dieses muss zum einen über die kinematischen Freiheiten verfügen, um die gewünschten Werkzeuggeometrien bearbeiten zu können. Zum anderen muss es die Anforderungen erfüllen, welche der Werkstoff Diamant stellt. Weiterhin sollte ein derartiges Maschinensystem die notwendigen Prozessentwicklungen befähigen. Die zerspanende Bearbeitung von monokristallinen Diamanten zeichnet sich jedoch bis heute durch eine empirisch und pragmatisch geprägte Vorgehensweise aus. Weiterhin gibt es weltweit nur einen Hersteller, der Maschinen zur schleifenden Bearbeitung von monokristallinen Diamanten vertreibt.

Vor diesen Hintergründen sollen im Rahmen dieser Arbeit die Grundlagen geschaffen werden, um asphärische monokristalline Diamantwerkzeuge für neue innovative Anwendungen in der Ultrapräzisionszerspanung zur Verfügung zu stellen. Um dieses Ziel zu erreichen, ist diese Arbeit auf zwei wesentliche Schwerpunkte aufgeteilt. Dies beinhaltet zunächst die Erarbeitung und den Aufbau eines Maschinensystems, welches die oben genannten Einschränkungen überwindet. Das Maschinensystem dient als Prüfstand, um systematische Prozessuntersuchungen zum Schleifen von monokristallinen Diamantwerkzeugen durchzuführen. Beide Schwerpunkte werden herangezogen, um die wissenschaftlichen Fragestellungen zum Fertigen von asphärischen monokristallinen Diamantwerkzeugen zu beantworten.

Den Beginn der Arbeit bildet eine Recherche des Stands der Technik zu verfügbaren monokristallinen Diamantwerkzeugen. Darauf folgt eine umfangreiche Recherche zu den Eigenschaften von Diamant, insbesondere dessen kristallographische Eigenschaften und die Möglichkeiten zur formgebenden Bearbeitung von Diamant. Schließlich werden Maschinen zur Werkzeugkonturierung vorgestellt und gegenübergestellt. Aus den Erkenntnissen des Stands der Technik und den identifizierten Einschränkungen werden Anforderungen an ein Maschinensystem zur konturgebenden Bearbeitung monokristalliner Diamantwerkzeuge abgeleitet. Dies bezieht sich sowohl auf materialbedingte Anforderungen zur Bearbeitung von Diamant als auch auf kinematische Anforderungen zur Erzielung der gewünschten Werkzeuggeometrien. Im Anschluss daran werden Konzepte für ein derartiges Maschinensystem systematisch erarbeitet. Das geeignetste Konzept wird schließlich detailliert auskonstruiert und aufgebaut. Abgeschlossen wird dieser erste Hauptteil der vorliegenden Arbeit mit einer messtechnischen Charakterisierung des fertiggestellten Maschinensystems.

Im zweiten Teil der Arbeit wird das Maschinensystem anhand von Prozessuntersuchungen validiert. Dies beinhaltet zunächst eine systematische Untersuchung der wichtigsten Einflussfaktoren auf den Schleifprozess. Basierend auf den Ergebnissen dieser Untersuchungen werden Strategien zur Konturierung von monokristallinen Diamantwerkzeugen abgeleitet. Schließlich werden diese Strategien, die Ergebnisse der Prozessuntersuchungen und das neue Maschinensystem mit der Fertigung von asphärischen monokristallinen Diamantwerkzeugen validiert. Zum Abschluss werden die Werkzeuge bei der Ultrapräzisionsfertigung von Demonstratoren angewandt.

Introduction

High-precision monocrystalline diamond tools are used for the manufacture of metallic mirrors for use in CO_2 laser systems, for final form machining in injection molding optical components or for the production of high-precision microstructures in non-ferrous metals. Diamond tools, which belong to the category of machining tools with geometrically defined blades, have geometries based on conventional turning tools (Bild 1.1) but have very small cutting edge radii due to the hardness of diamond and the special manufacturing process. This means that these tools can achieve form accuracies within the sub-µm range and surface qualities to below 10 nm Ra [KOLB10]. Extensive stamping master tools, such as those used in the manufacture of light control boards in 3D televisions [JOHN05, HASE90], can be machine produced using diamond tools in combination with planing and fly-cutting processes. The diamond tools that have been available up to now have a radius form that means aspherical structures have to be produced by multipass milling, as shown by production variation 1 in Bild 1.1. A master tool for a 42 inch television requires a production time of 283.7 hours at a surface quality of 200 nm Ra. [BREC11]

In contrast to the above, the use of a contour tool that creates the negative to the structure to be produced can reduce the number of cuts per groove to just one. This is shown by production variation 2 in Bild 1.1. The result is that the production time is significantly decreased by a factor of 10 to 28.4 hours. An improvement to the surface roughness by a factor of 10 can simultaneously be achieved because kinematic roughness does not occur when producing a groove. However, these diamond tools are currently not available. [BREC11]

As demonstrated by the example, diamond tools are primarily used in the optics industry. The optics industry is viewed as a future sector of the 21st Century [BMBF10]. This led to the statement being made that the 20th Century was the century of the electron and the 21st Century will be the century of the photon [LITF07]. In Germany alone, a 10% increase in revenue was expected for the year 2012, whilst offering 135,000 jobs [SPEC12]. The importance of this sector is underlined by the fact that the Federal Ministry for Education and Research (BMBF) has drawn up a research program with the corresponding funding for companies and research institutions alike [BMBF11]. The aspherical monocrystalline diamond tools addressed in this thesis focus on the application areas of flatscreen displays and lighting technology, which represent the largest application fields with a 35% share of the optics industry [SPEC12].

New innovations are constantly required to retain the economic strength and relevance of the optics industry. Future markets can be served by aspherical monocrystalline diamond tools for ultraprecision machining and innovative technological developments can be initiated. However, these are not the current state-of-the-art with which radius geometries can be produced. Another aspect is that the manufacturers of monocrystalline diamond tools are predominantly small and medium-sized businesses, which either do not have the financial resources or the capacities to accomplish this technological further development. A corresponding machine system needs to be setup for this, alongside the process development for grinding aspherical monocrystalline diamond tools. The system must have the kinematic freedom to be able to process the required tool geometries on the one hand. On the other hand, it needs to meet the demands imposed by diamond as a material. Furthermore, this type of machine system should facilitate the necessary process developments. However, machine processing monocrystalline diamonds is still characterized by an empirical and rather pragmatic method. There is also only a single manufacturer worldwide who sells machines for grinding monocrystalline diamonds.

Based on this background information, this thesis should establish the basis for providing aspherical monocrystalline diamond tools for new, innovative applications in ultraprecision machining. The thesis is divided into two fundamental main points in order to achieve this aim. The first point includes the development and setup of a machine system, which overcomes the restrictions mentioned above. Secondly, the machine system then serves as a test bench in order to perform systematic process investigations on grinding monocrystalline diamond tools. Both main points will be utilized to answer the scientific questions on producing aspherical monocrystalline diamond tools.

This thesis starts with research on the state-of-the-art of available monocrystalline diamond tools. This is followed by extensive research on the properties of diamond; especially its crystallographic characteristics and the possibilities for machining diamond to produce forms. Machines for tool contouring shall then be introduced and compared. The demands on a machine system for processing monocrystalline diamond tools that produce contours will be derived from the knowledge gained from the state-of-the-art and the identified restrictions. This relates both to the requirements involved with machining diamond, determined by the material, and also to the kinematic requirements to achieve the required tool geometries. Concepts for this type of machine system shall then be systematically developed to follow. The most suitable concept will then be designed in detail and will be setup. This first main section of the thesis shall be completed with a metrological characterization of the finished machine system.

The machine system shall be validated using process investigations in the second part of the thesis. This initially contains a systematic investigation of the most important influential factors on the grinding process. Strategies for contouring monocrystalline diamond tools are derived based on the results of these examinations. The strategies, the results of the process investigations and the new machine system shall then be validated with the production of aspherical monocrystalline diamond tools. The tools shall be applied in the ultraprecision production of demonstrators to complete the work.

2 Stand der Technik in Forschung und Industrie

State of the art in research and industry

Der Werkstoff Diamant ist vielfältig einsetzbar. Im allgemeinen Verständnis wird Diamant immer mit Schmuck und wertvollen Edelsteinen in Verbindung gebracht. Jedoch besitzt der Werkstoff Diamant herausragende Eigenschaften, wie z. B. höchster Härte, sehr hoher Wärmeleitfähigkeit, chemischer Beständigkeit und gute optische Eigenschaften, welche ihn für weitere Anwendungsbereiche wie zum Beispiel die Verwendung als Auskoppelfenster in CO_2-Lasern qualifizieren. Die wichtigsten sind in Bild 2.1 mit den entsprechenden Eigenschaften des Diamanten aufgeführt. Hierbei wird deutlich, dass Diamant mechanisch, optisch und thermisch herausragende Eigenschaften hat und dadurch verschiedenste Anwendungen erschließt. Daneben können Diamanten mit verschiedenen Verfahren synthetisch hergestellt werden, so dass der Anwendungsbereich hierdurch erweitert werden konnte. Für die Anwendung als Laserauskoppelfenster eignen sich beispielsweise synthetisch hergestellte Diamanten besser, da sie als große flache Scheiben erzeugt werden können. Demgegenüber steht die komplexe und teure Bearbeitung dieses Werkstoff, was die Anwendung auf besondere Fälle beschränkt.

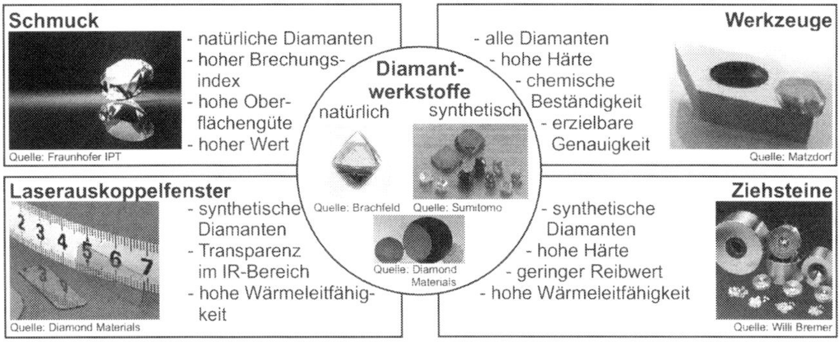

Bild 2.1: Diamantwerkstoffe und Anwendungen

Diamonds and applications

Die Grundlagen für die in dieser Dissertation durchgeführten Arbeiten zur zerspanenden Konturierung monokristalliner Diamantwerkzeuge werden im Verlauf dieses Kapitels dargelegt. Zunächst wird der Stand der Technik zu Diamantwerkzeugen mit geometrisch bestimmten Schneiden dargelegt (2.1). Im Anschluss daran werden die wichtigsten allgemeinen physikalischen Eigenschaften des Diamanten erläutert (2.2.1). Ein für das weitere Verständnis dieser Arbeit zentraler Schwerpunkt ist die Kristallographie des Werkstoffs Diamant, so dass diese in einem separaten Kapitel (2.2.2) erläutert wird. Im Anschluss daran werden Verfahren zur Diamantbearbeitung aufgeführt und beschrieben (2.2.3). Wichtiger Bestandteil ist die Klassifizierung der Bearbeitungsverfahren (2.2.4) hinsichtlich ihrer Eignung zum Fertigen hochpräziser monokristalliner Diamantwerkzeuge unter Berücksichtigung der besonderen Eigenschaften des Diamanten. Schließlich werden am Markt verfügbare Maschinensysteme zur Herstellung von Diamantwerkzeugen beschrieben und eingeordnet (2.3). Abgeschlossen wird das Kapitel 2 mit einer Bewertung des Stands der Technik und einer Aufführung des Forschungsbedarfs (2.4).

2.1 Geometrien und Genauigkeiten heutiger UP-Diamantwerkzeuge

Geometries and accuracies of state-of-the-art UP diamond tools

Unter dem Begriff Diamantwerkzeuge wird eine Vielzahl von Werkzeugen verstanden, die zur Bearbeitung anderer Materialien Diamant verwenden. Einen großen Anteil haben die Bearbeitungsverfahren zur spanenden Bearbeitung, welche sich in die Verfahren mit geometrisch bestimmten Schneiden und die Verfahren mit geometrisch unbestimmten Schneiden einteilen lassen [WECK05]. Diamantwerkzeuge, welche für diese Verfahren eingesetzt werden, sind beispielhaft in Bild 2.2 aufgeführt. Im Bereich des Bergbauwesens werden zum Bohren von Gestein diamantbesetzte Bohrköpfe eingesetzt, welche mit synthetischen polykristallinen Diamanten (PKD) bestückt sind [ERSO95, HUAN97]. Die dargestellten Diamantschleifscheiben, bei denen die Diamantkörner in einer Matrix aus Kunstharz oder Metall eingebunden sind, werden im allgemeinen Maschinenbau zur Bearbeitung von schwer zerspanbaren oder hoch abrasiven Werkstoffen verwendet [KLOC05]. Diamantwerkzeuge mit geometrisch bestimmten Schneiden werden zum Beispiel in der Chirurgie, insbesondere der Opthalmochirurgie, zum feinen und präzisen Schneiden von Gewebe angewendet. Diese Skalpelle werden aus synthetischem CVD (chemical vapour deposition) – Diamant hergestellt, wodurch eine große Vielfalt an Schneidengeometrien zur Verfügung steht. Durch die geringen Materialdicken werden durch diese Werkzeuge nur geringe Wunden im Gewebe erzeugt, welche nach dem operativen Eingriff gut verheilen [ERTL03, SPRA03].

Jedoch weisen diese Werkzeuge auf Grund des polykristallinen Aufbaus des CVD – Diamant eine für den Ultrapräzisionsbereich ungenügende Schneidenqualität auf. Gleiches gilt für Werkzeuge aus PKD (polykristalliner Diamant), welcher sich aus kleinen durch eine Matrix verbundenen Diamantkristallen zusammensetzt. Werkzeuge aus PKD werden zur Bearbeitung stark abrasiver Werkstoffe eingesetzt. Hierzu zählen in besonderer Weise faserunterstützte Materialien wie zum Beispiel Aluminium mit eingemischten Kurzfasern. Da Diamant eine extrem hohe Wärmeleitfähigkeit aufweist und Prozesswärme sich somit gut ableiten lässt, wird PKD zum Bearbeiten mit hohen Schnittgeschwindigkeiten bei der Zerspanung von Aluminium und Kupfer eingesetzt. [HEAT01, SIEB91]

Auf Grund der besseren Schneidenqualität werden zur ultrapräzisen Zerspanung mit geometrisch bestimmten Schneiden nur Werkzeuge aus natürlichem oder synthetischem MKD (monokristalliner Diamant) herangezogen, bei denen sich keine durch die Korngröße bedingte Rauheit der Schneidkante ergeben kann. Im Gegensatz zu den Werkzeugen aus CVD – Diamant sind die verfügbaren Geometrien hochpräziser Werkzeuge aus MKD limitiert. So ist das Standardwerkzeug ein Radiuswerkzeug mit einem konstanten Radius der Schneide r_ε, welcher vom Kunden gewählt werden kann. Daneben gibt es Facettenwerkzeuge, deren Geometrie über die Facettenbreite b und den Lateralwinkel κ_l definiert ist. Weiterhin gibt es V-Formwerkzeuge, die über den Spitzenwinkel κ_0 beschrieben werden. Eine Sonderform stellen elliptische Werkzeuge dar. Durch eine winklige Anstellung der Werkzeuge bei der Herstellung der Diamantwerkzeuge kann eine elliptische Form erzielt werden, welche ein asphärisches Werkzeug annähert [ALMT13a, JOHN04].

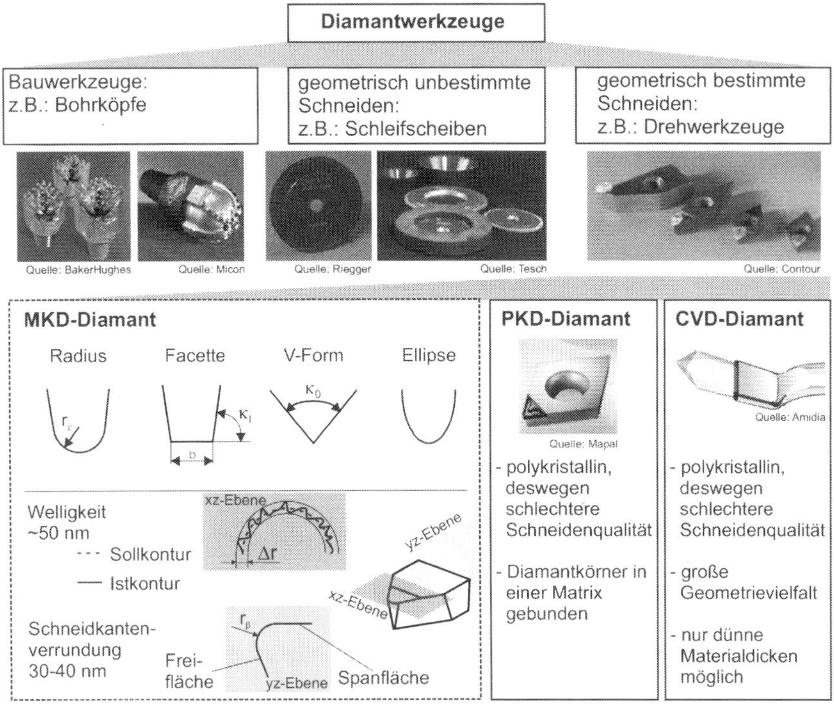

Bild 2.2: Überblick Diamantwerkzeuge zur spanenden Bearbeitung

Overview of diamond tools for machining

Die hervorragende Schneidenqualität monokristalliner Diamantwerkzeuge mit geometrisch bestimmter Schneide kann messtechnisch anhand der Schneidkantenwelligkeit erfasst werden, welche einen minimalen Wert von 20 nm erreichen kann [KYDI13]. Zur Erzielung kleinster Schnitttiefen, welche im Ultrapräzisionsbereich die Fertigung von Formgenauigkeiten bis in den Sub-µm-Bereich ermöglichen, sind die geringen Schneidkantenverrundungen von 30 – 40 nm notwendig [ZONG06]. CBN-Werkzeuge für den Präzisionsbereich, welche als Werkzeuge mit scharfer Schneidkante bezeichnet werden, weisen Schneidkantenverrundungen im Bereich von 2 – 4 µm auf [JOCH01], wohingegen die Schneidkantenverrundung bei Standard-CBN-Werkzeugen bis zu 12 µm betragen kann [KOCH94].

Werkzeuge zur spanenden Bearbeitung mit geometrisch bestimmter Schneide werden basierend auf der DIN 6581 [DIN85] bezüglich ihrer Geometrie charakterisiert. Bild 2.3 zeigt die entsprechenden Geometrieparameter für Diamantwerkzeuge zur Ultrapräzisionsbearbeitung. In der yz-Ebene des Werkzeugs werden der Freiwinkel α_0, der Keilwinkel β_0 und der Spanwinkel γ_0 angegeben. Durch das Anbringen eines Freiwinkels an das Werkzeug wird eine Kollision zwischen dem Werkstück und dem Werkzeug verhindert, so dass nur die Schneidkante im Eingriff mit dem Werkstück ist. Der Spanwinkel beeinflusst das Schnittverhalten des Werkzeugs und wird je nach zu bearbeitendem Material gewählt. Schließlich ergibt sich der Keilwinkel aus der Differenz der Summe des Freiwinkels und des Spanwinkels zu einem Winkel von 90°. Die Genauigkeit dieser drei Winkel hat in weiten Bereichen keinen Einfluss auf das Bearbeitungsergebnis, so dass diese Geometrieelemente mit einer Toleranz von ±2‘ gefertigt werden können. Weiterhin liegt der Schneidkantenradius, der auch als Schneidkantenverrundung bezeichnet wird, in der yz-Ebene, welcher wie oben erwähnt für Ultrapräzisionswerkzeuge eine möglichst geringe Größe haben sollte. In der x-z-Ebene werden der Öffnungswinkel φ_0, der Spitzenwinkel κ_0 und der Lateralwinkel κ_l gemessen. Mit dem Öffnungswinkel kann der nutzbare Bereich der Schneidkante variiert werden, was beispielsweise bei der Bearbeitung von Kavitäten mit hohen Gradienten entscheidend ist. Weiterhin bestimmen diese Winkel die Form einer Nut wenn im Einstechverfahren bearbeitet wird. Da diese Geometrieelemente direkt im Werkstück abgebildet werden, müssen die Toleranzen enger sein als die zu fertigenden Geometrien im Werkstück. Weiterhin kann in der x-z-Ebene der Eckenradius r_ε gemessen werden. Dessen Geometrie bildet sich ebenfalls im Werkstück ab, so dass auch hier eine hohe Genauigkeit und damit geringe Toleranz erforderlich ist.

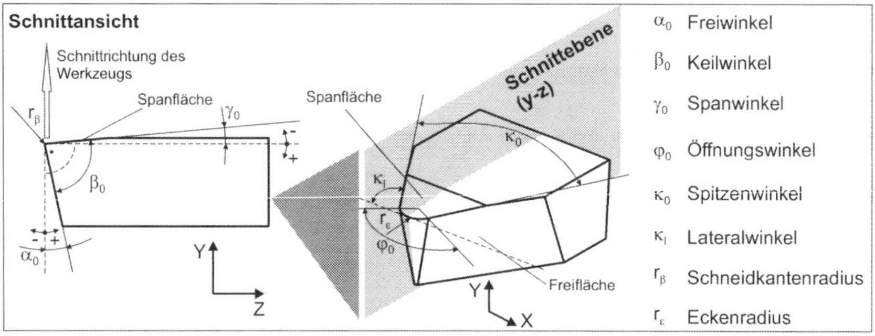

Bild 2.3: Geometriespezifikationen von Diamantwerkzeugen [BREC11]
Geometrical specifications of diamond tools

Als Beispiel für kleine Werkzeuggeometrien sei hier eine Veröffentlichung von KOBAYASHI genannt. Zur Herstellung kleinster Mikrogeometrien, zieht er monokristalline Diamantwerkzeuge heran. Zum Fräsen kleiner Vertiefungen wird ein Kugelfräser mit einem Radius von 30 µm verwendet. Weiterhin beschreibt er die Herstellung kleiner Nuten mit einem facettenförmigen Diamantwerkzeug, welches eine Breite von 5 µm aufweist [KOBA05].

Die minimal herstellbaren Eckenradien r_ε gehen herunter bis 1 µm, und die maximalen Eckenradien sind 1000 mm. Der Freiwinkel liegt bei marktüblichen Diamantwerkzeugen im Bereich von 0° - 25°, wohingegen der Spanwinkel im Bereich von +10 - -45° liegt. Für Anwendungen, bei denen steile Kavitäten, beispielsweise mit einem Unrund-Drehprozess wie in Bild 2.4 dargestellt, gefertigt werden, gibt es Sonderwerkzeuge mit einem Freiwinkel von bis zu -40°. Ebenso muss der Öffnungswinkel an die zu fertigenden Geometrien angepasst werden. Der maximale Öffnungswinkel von monokristallinen Diamantwerkzeugen liegt bei 180°. [KYDI13, CONT13, SHIB96, NIEH13, VANH05, TECH13].

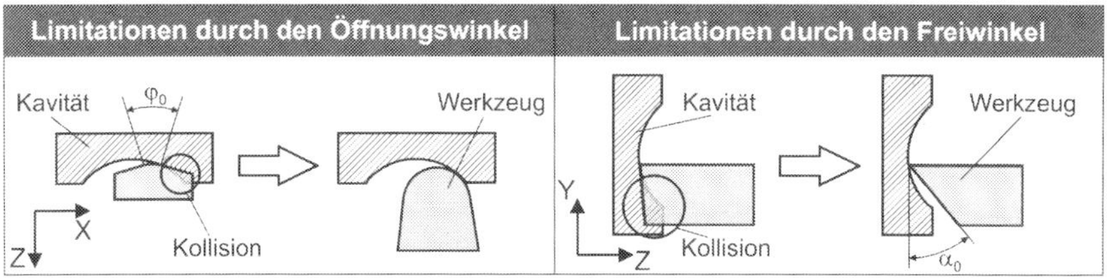

Bild 2.4: Limitationen der Anwendung durch die Werkzeuggeometrien
Limitations of the application due to tool geometries

Zusammenfassend können folgende übliche Größen für die Geometrieelemente aufgeführt werden:

- Freiwinkel α_0 (0° – 40°), Keilwinkel β_0 (40° – 145°) und Spanwinkel γ_0 (+10° – -45°)
- Öffnungswinkel φ_0 (0° – 180°) und Spitzenwinkel κ_0 (0° – 180°)
- Eckenradius r_ε (1 µm – 1000 mm)

Die verschiedenen Standardgeometrien sowie die Geometrieelemente wurden schon 1939 von Feß und 1965 von Weinz beschrieben und ihre Auswirkung auf die Oberflächengüte des Werkstücks untersucht [FESS39, WEIN65]. Neben den oben beschriebenen Diamantwerkzeugen gibt es im Bereich der Diamantwerkzeuge zur spanenden Bearbeitung mit geometrisch bestimmten Schneiden ein umfangreiches Feld von Spezialwerkzeugen. Beispielsweise besteht ein Patent von Bryan [BRYA03] auf Diamantwerkzeuge mit mehreren Schneiden an einem monokristallinen Diamant. Damit können Strukturen auf Mikroreplikationswerkzeugen schneller und effizienter in einem Drehprozess gefertigt werden.

Für die Bearbeitung von harten und spröden Materialien beschreibt Yoshinaga [YOSH08] in seinem Patent monokristalline Diamantwerkzeuge, welche zur Erhöhung der Standzeit mit Fasen und Verrundungen versehen wurden. Auf Grund der hohen Sprödigkeit des Diamanten sind die Schneidkanten, insbesondere wenn sie über kleine Schneidkantenverrundungen verfügen und damit sehr scharf sind, empfindlich gegenüber hohen oder stoßartigen Belastungen. YOSHINAGA reduziert durch die Veränderung der Schneidkantengeometrie die Belastungen auf die Schneidkante, wodurch eine höhere Standzeit erzielt wird. Diese Geometrievariationen sind angelehnt an Werkzeuge aus CBN, bei denen eine Fase an der Schneidkante zu Druckeigenspannungen führt, welche einen günstigen Einfluss auf das Bearbeitungsergebnis und die Werkzeugstandzeit haben [JOCH01].

In Bezug auf die Genauigkeit der Geometrieelemente können überwiegend keine detaillierten Informationen angegeben werden, da alle Hersteller monokristalliner Diamantwerkzeuge hierzu keine Aussagen treffen. Wichtigstes Qualitäts- und Genauigkeitskriterium ist die Radiuswelligkeit der Werkzeuge, welche im Allgemeinen bis hinunter zu 50 nm über einen Öffnungswinkel von 120° reicht [VANH05]. Die absolute Genauigkeit der Geometrieelemente ist üblicherweise deutlich ungenauer. Erfahrungen aus der Anwendungspraxis zeigen, dass der Eckenradius einer Toleranz von ±2 µm unterliegt. Der Spitzenwinkel hat eine Toleranz von ±0,25°. Freiwinkel, Keilwinkel und Spanwinkel haben keinen Einfluss auf die Genauigkeit bei der Zerspanung mit den Werkzeugen, weswegen eine genaue Tolerierung hierbei nicht notwendig ist.

Bezüglich der Schneidengeometrien weisen monokristalline Diamantwerkzeuge eine beschränkte Anzahl an Variationen auf. Da monokristalline Diamantwerkzeuge über beste Schneidkantenqualitäten im Hinblick auf die Formgenauigkeit verfügen und gleichzeitig kleinste Schneidkantenverrundungen aufweisen, sind sie in der Ultrapräzisionsbearbeitung etabliert [BERT07]. Durch eine Erweiterung der Schneidengeometrien ließe sich auf der einen Seite das Anwendungsspektrum monokristalliner Diamantwerkzeuge erweitern, auf der anderen Seite werden neue technische Lösungen ermöglicht, für die monokristalline Diamantwerkzeuge höchster Präzision mit neuen Schneidengeometrien erforderlich sind.

2.2 Physikalische Eigenschaften und Bearbeitung von Diamanten

Physical properties and diamond machining

2.2.1 Physikalische Eigenschaften von Diamant

Physical properties of diamonds

Diamant weist von allen bekannten Stoffen die höchste Härte auf [SCHU08]. Aus diesem Grund eignet sich Diamant in besonderem Maße als Schneidstoff oder für Bauteile, welche eine hohe Verschleißfestigkeit aufweisen müssen. Folglich erschließt sich ein großes Anwendungsgebiet für Diamanten in der Industrie, so dass in der Vergangenheit zahlreiche Verfahren zur künstlichen Herstellung von Diamanten entwickelt wurden [BUND88, BRAN01, BUND63, ERTL03, HALL60, SUMI07, WOER05, PLEU03], um den Werkstoff günstiger anbieten zu können. Weiterhin kann dadurch eine gleichmäßigere Qualität im Vergleich zu Naturdiamanten gewährleistet werden. Für industrielle Anwendungen sind am Markt natürliche und synthetische Diamanten verfügbar, wobei die natürlichen in monokristalliner (MKD) Form vorkommen und die synthetischen sowohl in monokristalliner als auch polykristalliner (PKD) Form erhältlich sind. Einen Überblick über die wichtigsten Diamantarten und deren Entstehungs- beziehungsweise Herstellungsprozess gibt Bild 2.5.

Diamant ist ein Edelstein der eine Morphologie des Kohlenstoffs darstellt. Dieser entsteht in der Natur unter hohem Druck (5 GPa) und hohen Temperaturen (900°–1300 °C) in tiefen Erdschichten und wird anschließend durch geologische Prozesse in höhere Erdschichten befördert [SCHU08, ENCK01a]. Synthetische monokristalline Diamanten werden unter hohen Drücken (5 – 7 GPa) und Temperaturen (1300 – 1600 °C) mit Hilfe von Katalysatorlösungen und Saatdiamanten hergestellt (HPHT-Verfahren), indem der natürliche Wachstumsprozess nachgeahmt wird. In ähnlicher Weise lassen sich auch polykristalline Diamanten mit Bindephase herstellen. [BURN92, KAND00] Daneben kann synthetischer Diamant auch über ein chemisches Abscheiden aus einer Gasphase mit Wasserstoff und Methan unter Einwirkung hoher Energie synthetisiert werden. [BUTL00, FERN00, SATO92] Neuere Verfahren lassen auch die Herstellung von monokristallinen Diamanten mit dem CVD-Verfahren zu [SUMI07].

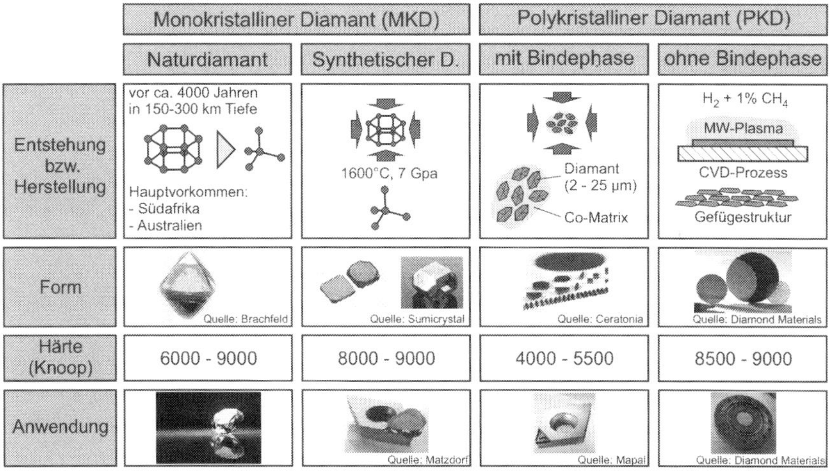

Bild 2.5: Einteilung der wichtigsten Diamantarten [nach HESS03]
Classification of the most important diamond types

Die Vorteile synthetischer Diamanten liegen in den gleichmäßigeren Eigenschaften bedingt durch die Herstellung unter kontrollierten Bedingungen. So hat DURAZO beispielsweise in seinen Untersuchungen zum Diamantdrehen von Silizium herausgefunden, dass die Qualität des Rohdiamanten einen signifikanten Einfluss auf die Werkzeugstandzeit hat. Werkzeuge aus Naturdiamant des gleichen Herstellers mit den gleichen Spezifikationen wiesen eine unterschiedliche Standzeit auf [DURA07]. Aus diesen Gründen steigt der Anteil an synthetischen monokristallinen Diamanten im Bereich der Ultrapräzisionswerkzeuge, da sie im Allgemeinen eine höhere chemische Reinheit aufweisen. Der Nachteil der im HPHT-Verfahren hergestellten Diamanten liegt jedoch darin, dass sie höhere interne Spannungen, Risse und Defekte aufweisen als natürliche Diamanten. Dies folgt aus dem schnelleren Wachstumsprozess der angewandten Syntheseverfahren im Gegensatz zum langsamen Wachstum der Diamantkristalle in der Natur [WANG12].

Neben der Klassifizierung in monokristalline und polykristalline Diamantarten gemäß Bild 2.5, welche im Wesentlichen die Entstehung des Diamant berücksichtigt, werden Diamanttypen unterschieden, welche zur Klassifizierung der einzelnen Diamantkristalle herangezogen werden. Diese Klassifizierung teilt die Diamantkristalle auf Grund ihrer chemischen Zusammensetzung in zwei Hauptgruppen ein. Gruppe I beinhaltet die Diamanten mit einem messbaren Anteil an Stickstoff, wohingegen die Diamanten der Gruppe II keinen messbaren Anteil an Stickstoff aufweisen. Innerhalb der Gruppe I werden die Diamanten weiterhin unterteilt, je nachdem wie die Stickstoffatome im Kristallgitter angeordnet sind. Typ Ib Diamanten weisen isoliert liegende Stickstoffatome im Kristallgitter auf. Im Gegensatz dazu haben die Diamanten des Typs Ia gruppierte Stickstoffatome. Liegen zwei Stickstoffatome paarweise nebeneinander, dann werden die Diamanten zum Typ IaA gezählt, liegen vier Stickstoffatome um eine Fehlstelle, dann werden die Diamanten zum Typ IaB gezählt. Die Gruppe II wird in die Untergruppen IIa mit keinen messbaren Fremdatomen im Gitter, und die Untergruppe IIb mit einzelnen Boratomen im Gitter unterteilt. [BREE09]

Hochqualitative Diamantwerkzeuge für die Verwendung als Dreh-, Hobel- und Fly-Cutting-Werkzeuge mit geometrisch bestimmter Schneide werden ausschließlich aus monokristallinen Diamanten hergestellt. Durch die hohe Härte des Diamanten kann die Schneidkante bei einer geeigneten Prozessführung in einem mechanischen Läppverfahren mit einer Verrundung von 30 – 40 nm versehen werden, so dass das Diamantwerkzeug die höchste Schärfe aller verwendeten Schneidstoffe aufweist [BREC11, ZONG06]. Mit einem thermo-mechanischen Läppverfahren lassen sich sogar Schneidkantenverrundungen von 10 nm erzeugen [ZONG08]. Theoretisch können mit Diamant Schneidkantenverrundungen bis zu 1 - 6 nm erzeugt werden [ZONG07a]. Hierin ist die Fähigkeit begründet, mit Diamantwerkzeugen optische Oberflächen durch Drehen, Hobeln und Fly-Cutten zu fertigen. Weiterhin zeichnet sich Diamant auch durch sehr gute optische und thermische Eigenschaften aus, welche jedoch auf die Verwendung als Diamantwerkzeug keinen Einfluss haben [BERM93, PICK00, WOER98].

Neben diesen positiven Eigenschaften hat Diamant auch Eigenschaften, welche seine Verwendung teilweise einschränken. So weist der Diamant auf der einen Seite den höchsten E-Modul aller bekannten Materialen auf, welcher auf die starken kovalenten Kohlenstoff-Kohlenstoff-Bindungen mit der geringen Bindungslänge von 1,54 Å zurückzuführen ist [GRIM00, BERM65]. Auf der anderen Seite ist Diamant ein spröd-hartes Material, welches empfindlich gegen stoßartige Belastungen ist. Die bevorzugte Bruchfläche des Diamanten ist die 111-Ebene, welche die Oktaederfläche darstellt [MOHR24]. Weiterhin steht die hohe Härte des Diamanten in Zusammenhang mit dem hohen E-Modul [GRIM00]. Auch ist Diamant nur bis zu Temperaturen von 650°C einzusetzen, da er bei höheren Temperaturen verbrennt [GLAE04]. Wesentlicher Nachteil des Diamanten im Bereich der zerspanenden Fertigung ist die Tatsache, dass sich Stahl nicht ohne besondere Technologien, wie zum Beispiel dem ultraschallunterstützten Drehen, dem Bearbeiten unter Schutzgasatmosphäre, beschichteten Diamantwerkzeugen oder dem Nitrieren des zu bearbeitenden Stahlwerkstücks mit Diamantwerkzeugen bearbeiten lässt [RUEB01, BULL13, BRIN06, GLAE04]. Stahl besitzt, insbesondere bei höheren Temperaturen, eine Affinität zu Kohlenstoff, aus welchem der Diamant besteht. Diese Eigenschaft wird beim Härten und Vergüten von Stahl genutzt. Bei der Zerspanung von Stahl ist diese Eigenschaft nachteilig, da der Kohlenstoff des Diamanten während der Bearbeitung in das zu bearbeitende Stahlwerkstück diffundiert, und so der Verschleiß des Diamantwerkzeugs unverhältnismäßig hoch ist. Neben diesem Effekt tritt auch eine Graphitisierung des Diamanten ein. [GLAE04, ABEL09] Jedoch hat Diamant eine extrem hohe Wärmeleitfähigkeit, die es ermöglicht, entstehende Prozesswärme schnell abzuführen [HART00]. Eine weitere Möglichkeit Diamantwerkzeuge verschleißfester zu gestalten, stellt OOMEN vor [OOME91]. Durch ein Dotieren des Diamantwerkzeugs mit Bor kann der Verschleiß im Zerspanprozess minimiert werden. Die wichtigsten physikalischen Eigenschaften des monokristallinen Naturdiamanten sind in Bild 2.6 aufgeführt. [BREC11]

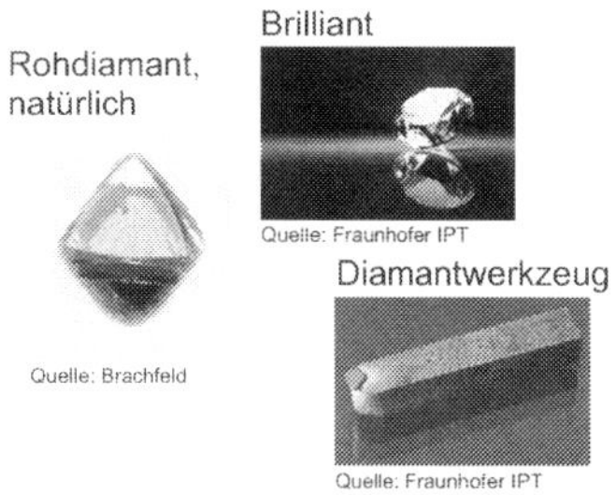

Dichte	3,515 g/cm³ (25°C)
Gitterparameter	3,567 Å (25°C)
E-Modul (mittlerer)	1050 GPa
Ausdehnungskoeffizient	$0{,}8 \cdot 10^{-6}$ (0°C)
Wärmeleitfähigkeit (mittlere)	600-2200 W/m*K (0°C)
Brechungsindex	2,41 (λ = 656,3 nm)

Bild 2.6: Eigenschaften von Diamant [BREC11, FIEL92a, RAMD00, GLAE04]
Properties of diamond

2.2.2 Kristallographie von Diamant

Crystallography of diamond

Als Element der sechsten Hauptgruppe fehlen dem Kohlenstoff vier Elektronen, um einen chemisch stabilen Zustand zu erreichen. Im Diamant liegt der Kohlenstoff in der Form einer sogenannten sp3-Hybridisierung vor, so dass jedes Kohlenstoffatom mit vier anderen Kohlenstoffatomen eine Bindung eingehen kann. Diese Kohlenstoff-Kohlenstoff-Bindungen gehören zu den chemisch stärksten Atombindungen, welche unter anderem die Grundlage für die hohe Härte des Diamanten sind [BUND89]. Dabei sind die Kohlenstoffatome zueinander tetraederförmig orientiert, wie es in Bild 2.7 skizziert ist [BUDD03]. Eine weitere kristallisierte Modifikation des Kohlenstoffs ist Graphit. In dieser Form liegt Kohlenstoff lediglich in der sp2-hybridisierten Form vor, deren Kristallstruktur in Bild 2.7 unten skizziert ist. Jedes Kohlenstoffatom hat hier nur drei direkte Nachbarn. In der hexagonalen Kristallstruktur des Graphits sind die kovalenten Bindungen der sp2-Hybridisierung in den parallelen Kristallebenen, den sogenannten Basalebenen, stärker als im Diamant. Zwischen diesen Ebenen wirken jedoch nur die sehr viel schwächeren Van-der-Vaals-Kräfte, weswegen diese Ebenen im Graphit leicht gegeneinander verschoben werden können [WEDE84]. [BREC11]

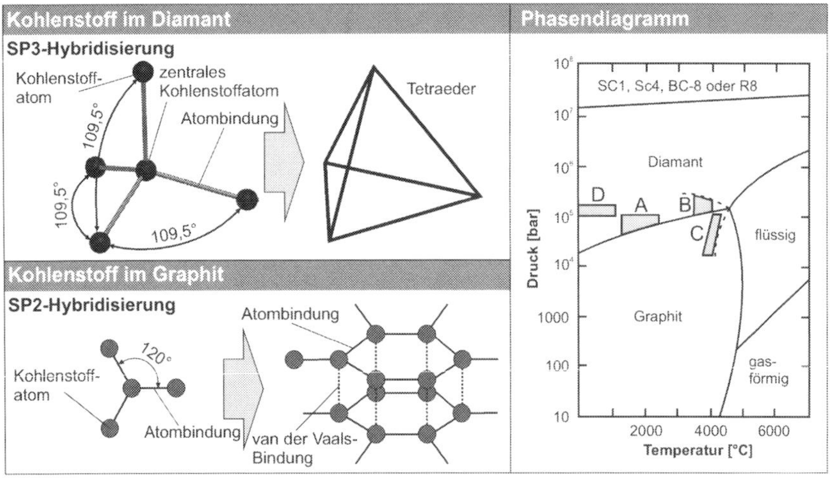

Bild 2.7: Phasendiagramm und SP3-Hybridisierung des Kohlenstoffs [BUDD03, KAND00, BUND89]

Phase diagram and SP3-hybridization of carbon

Welches Kristallsystem sich einstellt, hängt von der Temperatur, dem Druck und der chemischen Zusammensetzung der umgebenden Atmosphäre ab. Dies wird durch das Phasendiagramm des elementaren Kohlenstoffs dargestellt (Bild 2.7). Bei Raumtemperatur und Atmosphärendruck liegt Graphit thermodynamisch stabil vor, wohingegen Diamant bei diesen Bedingungen metastabil vorliegt [RIED11, DAVI84].

Die Umwandlung von Graphit zu Diamant findet bei sehr hohen Drücken und Temperaturen (Bereich A im Phasendiagramm) statt, was bei der HPHT-Synthese genutzt wird. Weitere Umwandlungsbereiche im Phasendiagramm sind die schnelle spontane Umwandlung von Graphit zu Diamant in Bereich B, die schnelle spontane Umwandlung von Diamant zu Graphit in Bereich C und die Region D mit der martensitischen Umwandlung von hexagonalem Graphit zu hexagonalem Diamant [BUND89]. In weiteren Forschungsarbeiten wurden die übrigen Bereiche des Phasendiagramms des Kohlenstoffs genauer untersucht [BUND96], was jedoch keine Relevanz für die synthetische Herstellung von monokristallinem Diamant hat. Zu beachten ist, dass Diamant sich unter Atmosphärendruck und sauerstoffhaltiger Umgebung ab 730 °C zu Graphit umwandelt [FIEL92a].

Die Elementarzelle des Diamanten wird aus achtzehn Kohlenstoffatomen gebildet wie es auf der linken Seite in Bild 2.8 skizziert ist. Hierbei handelt es sich um eine kubisch-flächenzentrierte Kristallstruktur mit acht Kohlenstoffatomen in den Gitterecken und jeweils einem Kohlenstoffatom auf den Flächen der Elementarzelle [MOHR24]. Da jedes Kohlenstoffatom in der sp3-hybridisierten Form vorliegt und demzufolge mit vier weiteren Kohlenstoffatomen jeweils eine Bindung eingeht, befinden sich in der Elementarzelle noch vier weitere Kohlenstoffatome. Jedes dieser Kohlenstoffatome ist zwischen drei Kohlenstoffatomen, welche auf den Gitterflächen verortet sind, und einem Kohlenstoffatom in der Gitterecke angeordnet [KLEB90]. In der Natur kommt Diamant am häufigsten in der Kristallform des Oktaeders vor [HARR92]. Wie in der Mitte von Bild 2.8 gezeigt ist, beruht dies auf der Struktur der Elementarzelle des Diamanten, in welcher die Oktaederform enthalten ist. Diese wird an ihren Ecken durch die Flächenatome der Elementarzelle gebildet. [BREC11]

Die Position der einzelnen Atome, Richtungen und Flächen im Kristallgitter können durch die Millerschen Indizes h, k und l beschrieben werden, welche als ganzzahliges Tripel die geometrischen Eigenschaften eines Kristalls wiedergeben. Dabei geben runde Klammern um das Tripel (hkl) eine Ebene im Kristall und eckige Klammern [hkl] eine Richtung an. Im Kristallgitter des Diamanten, wie es in Bild 2.8 dargestellt ist, ist beispielsweise die [100]-Richtung eine zur Würfelkante der Elementarzelle parallele Richtung. Die (110)-Ebene steht unter 45° zur Elementarzelle und beinhaltet beispielsweise die Atome an den Positionen 000, 110, 001 und 111. [MILL39]

Da Diamant das härteste bekannte Material darstellt, lässt sich die zerspanende, also schleiftechnische, Bearbeitung von Diamant nur mit anderen Diamanten durchführen. Jedoch gelingt diese nur, da der Diamant stark anisotrope, d. h. richtungsabhängige Eigenschaften, aufweist. So variiert die Härte in unterschiedlichen Kristallrichtungen bis um den zehnfachen Wert. Die höchste Härte besitzt der Diamant in der [110]-Richtung, welche unter 45° zur Hauptgitterebene der Elementarzelle liegt. [GRIL00] Soll nun beispielsweise die (100)-Ebene eines Oktaeders, welche senkrecht zur [100]-Gitterrichtung der Elementarzelle steht, also parallel zu den Würfelebenen der Elementarzelle, bearbeitet werden, dann liegt die harte [110]-Richtung parallel zu den Kanten des Oktaeders. In der (110)-Ebene des Oktaeders, welche parallel zur [110]-Richtung der Elementarzelle liegt, verläuft die harte Richtung folglich entlang der [110]-Richtung der Elementarzelle. [BREC11]

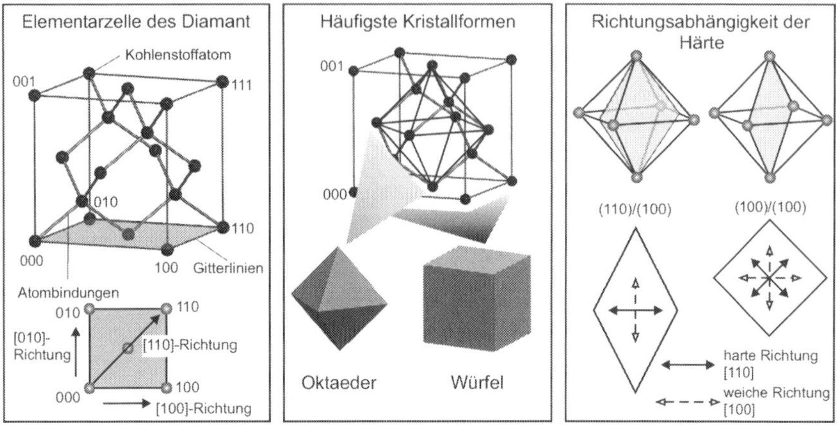

Bild 2.8: Elementarzelle und kristalliner Aufbau des Diamanten [BREC11]

Elementary cell and crystalline structure of diamond

Zudem hängt das Abtragsverhalten neben der Bearbeitungsrichtung auch von der bearbeiteten Kristallfläche ab. Die Lage der relevanten Kristallflächen im Oktaeder eines Diamanten sind in Bild 2.9 dargestellt. Anhand der Abtragsrate in Abhängigkeit der Bearbeitungsrichtung zeigt sich, dass die (111)-Ebene die geringste Abtragsrate aufweist und somit sehr schwer zu bearbeiten ist. Dies korreliert auch mit der Tatsache, dass die (111)-Ebene die bevorzugte Bruchebene des Diamanten ist. Folglich bilden diese Ebenen die äußeren Ebenen eines Rohdiamanten, wodurch sich die Oktaederform ergibt. Im Gegensatz dazu weist das Abtragsverhalten in der (110)-Ebene die stärkste Varianz in Abhängigkeit der Bearbeitungsrichtung auf [WILK65]. Untersuchungen von GRILLO [GRIL00] zeigen, dass die Reibkräfte beim Polieren von Diamant auf einer festen Kristallebene in verschiedenen Kristallrichtungen unterschiedlich stark in Abhängigkeit der Lastkraft ansteigen. Auffällig ist, dass die Reibkräfte in der „weicheren" [100]-Richtung höher sind als in der „härteren" [110]-Richtung. GRILLO folgert daraus, dass der Energieumsatz in der [100]-Richtung beim Polieren darauf basierend höher ist, und sich somit eine leichtere Bearbeitung ergibt.

Ein einfaches Modell zur Beschreibung der Anisotropie bei der Bearbeitung von monokristallinem Diamant stellt VAN BOUWELEN auf [VANB99]. Dazu bedient er sich des Konzepts eines periodischen Bindungskettenvektors (PBC), welcher als ununterbrochene Kette zweier äquivalenter Wachstumseinheiten definiert ist [HART53, ENCK01a]. Da Diamant als Wachstumseinheiten nur Kohlenstoffatome beinhaltet und zwischen diesen nur Kohlenstoff-Kohlenstoff-Bindungen aufweist, ist ein beispielhafter PBC-Vektor in der (100)-Ebene zwischen den Kohlenstoffatomen an der (0,0,0)-Position, der (1/4,1/4,1/4)-Position und dem Kohlenstoffatom an der

(1/2,1/2,0)-Position. Eine „harte" Richtung liegt vor, wenn das Skalarprodukt aus der Bearbeitungsrichtung F und dem PBC-Vektor P die folgende Bedingung erfüllt:

$$F \bullet P \geq\approx 0{,}9 \tag{2.1}$$

Damit wird eine Bearbeitung schwieriger, je paralleler diese beiden Vektoren liegen. Eine „weiche" Richtung liegt vor, wenn das Vektorprodukt den nachfolgenden Wert hat:

$$F \bullet P \leq\approx 0{,}7 \tag{2.2}$$

Dieses Modell korreliert auch mit den Betrachtungen von Yuan [YUAN03], der die relative Dichte kovalenter Bindungen auf einer Kristallebene als Maß für die Bearbeitbarkeit heranzieht. Weitere theoretische Betrachtungen wie beispielsweise von TELLING [TELL00] beschreiben die schwächeren Bindungskräfte als Gründe für die (111)-Ebenen als bevorzugte Bruchebenen des Diamanten, welche die Flächen eines Oktaeders bilden.

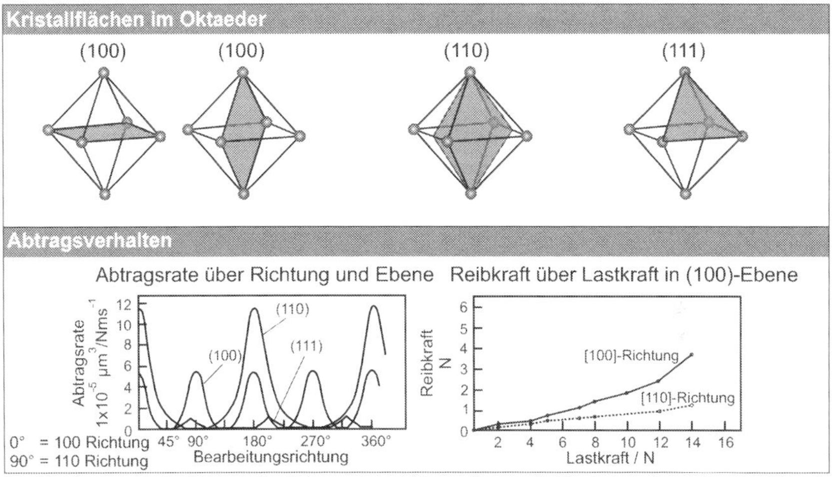

Bild 2.9: Kristallflächen und Abtragsverhalten [GRIL00, YUAN03, WILK91 ZONG10]

Crystal planes and removal rate

Bei der Bearbeitung, insbesondere dem Schleifen, Läppen und Polieren von Diamanten zur Herstellung von Diamantwerkzeugen müssen diese richtungsabhängigen Eigenschaften berücksichtigt werden. Zum einen kann durch eine entsprechende Ausrichtung des Diamanten zur Schleifscheibe der Abtrag beeinflusst werden [WILK82]. Zum anderen kann es im schlechtesten Fall zur Beschädigung der Schleifscheibe kommen. Daher muss die Schleifrichtung bei einem Maschinensystem zur Bearbeitung von Diamantwerkzeugen angepasst werden können. [BREC11]

Diamantwerkzeuge zur zerspanenden Fertigung mit geometrisch bestimmter Schneide weisen eine Spanfläche und eine Freifläche auf. Der Übergang zwischen der Spanfläche zur Freifläche ist die Schneidkante, mit der das Werkzeug das Werkstück schneidet. Die Spanfläche der Diamantwerkzeuge wird anhand der kristallinen Orientierung des Diamant ausgerichtet, so dass sie entweder durch die (100)- oder die (110)-Ebene gebildet wird [ZONG10]. Beispielhaft ist die Orientierung des Diamantwerkzeugs im Oktaeder unter Angabe der entsprechenden Flächen in Bild 2.10 dargestellt. Durch die Orientierung kann die Festigkeit der Schneide der Diamantwerkzeuge erhöht werden, als auch die Schärfe der Schneide verbessert werden. Hierzu hat ZONG umfangreiche Untersuchungen durchgeführt [ZONG06, ZONG07a]. Er hat eine Theorie basierend auf mikromechanischen Festigkeiten entwickelt, mit deren Hilfe sich die resultierende Schneidkantenverrundung an monokristallinen Diamantwerkzeugen in Abhängigkeit der Kristallflächen an der Span- und Freifläche berechnen lassen. Damit errechnet sich für ein Werkzeug mit einer (100)-Ebene als Spanfläche und einer (100)-Ebene als Freifläche eine theoretische Schneidkantenverrundung von 2 – 5 nm. Für ein Werkzeug mit einer (110)-Ebene als Spanfläche und einer (100)-Ebene als Freifläche ergibt sich eine theoretische Schneidkantenverrundung von 1 – 6 nm. In der Praxis kann für den ersten Fall eine Schneidkantenverrundung von 30 – 40 nm erreicht werden und für den zweiten Fall 35 – 50 nm. Weiterhin kann die Verschleißfestigkeit des Diamantwerkzeugs durch eine geeignete Orientierung beeinflusst werden. So werden zur Zerspanung von Kunststoffen Diamantwerkzeuge mit einer (100)-Ebene als Spanfläche eingesetzt, da sie einen höheren chemischen Verschleißwiderstand aufweist, wohingegen zur Zerspanung von Nichteisenmetallen Diamantwerkzeuge mit einer (110)-Ebene als Spanfläche mit einem höheren mechanischen Verschleißwiderstand verwendet werden [VANH05]. [BREC11]

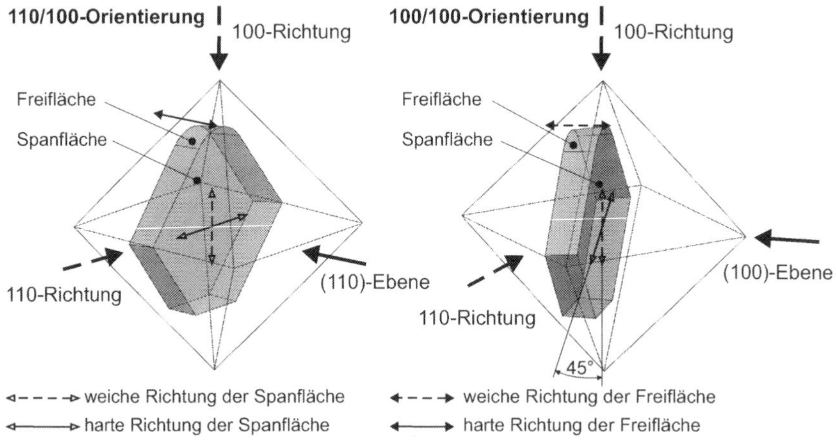

Bild 2.10: Orientierung von Diamantwerkzeugen im Oktaeder [nach ZONG07a]
Orientation of diamond tools within the octaeder

ZONG [ZONG09] stellt hierzu die Theorie der mikromechanischen Härte auf, welche die Kristallfläche und die Richtung berücksichtigt. Anhand von Versuchen mit Diamantwerkzeugen validiert er die Theorie und leitet Konstruktionsrichtlinien für Diamantwerkzeuge ab. So sollte die größte mikromechanische Härte beim Läppen der Diamantwerkzeuge parallel zur Bearbeitungsrichtung liegen, um kleinste Schneidkantenverrundungen zu erzielen. Bei der Anwendung der Diamantwerkzeuge zur Ultrapräzisionszerspanung sollte die größte mikromechanische Härte ebenfalls parallel zur Schnittrichtung liegen, um eine hohe Werkzeugstandzeit zu erzielen.

Bei der Fertigung eines Diamantwerkzeugs wird zunächst die Freifläche und damit die Kontur des Werkzeugs geschliffen. Im darauffolgenden Schritt wird die Spanfläche geläppt, um die beim Schleifen der Freifläche entstandenen Ausbrüche an der Schneidkante zu entfernen und die Schärfe der Schneidkante zu erhalten. Bei der Bearbeitung von Diamanten sollte aus den oben genannten Gründen immer entlang der weichen Richtung bearbeitet werden. Dies ist beim Läppen der Spanfläche einfach möglich, da sich diese immer entlang einer Kristallfläche orientiert, und somit die weiche Richtung immer die gleiche Orientierung auf der Fläche aufweist. Im Gegensatz dazu ändert sich die zu bearbeitende Kristallfläche bei der Fertigung der Kontur entlang der Freifläche. Dies muss bei der Bearbeitung berücksichtigt werden.

Zusammenfassend kann festgehalten werden, dass eine Maschine zur Bearbeitung von monokristallinen Diamantwerkzeugen über die Möglichkeit verfügen muss, die Schnittrichtung bei der Bearbeitung der Freifläche zu ändern. Bei der Bearbeitung der Spanfläche muss die Schnittrichtung in Richtung der weichen Richtung auf der Spanfläche erfolgen. Daneben zeigen Untersuchungen durch YUAN [YUAN03], dass der Abtrag eine Funktion der Bearbeitungskraft ist. Somit sollte ein Maschinensystem über eine Prozesskraftmessung verfügen, damit der Vorschub entsprechend überwacht und angepasst werden kann. Weiterhin kann auf Basis der Veröffentlichungen zum Stand der Technik festgehalten werden, dass mehr Arbeiten zum Läppen der Spanfläche von monokristallinen Diamantwerkzeugen als zum Schleifen der Kontur durchgeführt wurden. Betrachtungen zum Einfluss der Kristallorientierung beim Schleifen einer Werkzeugkontur sind nur bedingt vorhanden, wofür jedoch auch ein komplexeres Maschinensystem zur Verfügung stehen muss. Die vorliegende Arbeit soll hierzu einen Beitrag liefern. [BREC11]

2.2.3 Verfahren zur Diamantbearbeitung

Processes for diamond machining

Um Diamantwerkzeuge in die gewünschte Form zu bringen, stehen verschiedene Verfahren zur Verfügung. Diese Verfahren können über den vorliegenden Abtragsmechanismus, mechanischer Abtrag, chemischer Abtrag und thermischer Abtrag klassifiziert werden (siehe Bild 2.11). Klassische Verfahren zur Bearbeitung von Diamanten sind das Sägen, Schleifen, Läppen und Polieren, welche zu den mechanischen Bearbeitungsverfahren zählen. Diese werden schon seit Jahrhunderten, insbesondere zur Verarbeitung von Schmuckdiamanten zu Brillanten, angewendet. Erst im 20. Jahrhundert kamen Verfahren zum Ätzen von Diamanten auf, welche heute einen großen Stellenwert bei der Herstellung von Mikrobauteilen aus Diamant haben.

Verfahren zur thermischen Bearbeitung von Diamant mittels Laserablation sind die neuesten Bearbeitungsverfahren und weisen noch einen hohen Forschungs- und Entwicklungsbedarf auf. Alle zur Verfügung stehenden Verfahren weisen spezifische Vor- und Nachteile auf, so dass kein Verfahren universell zur Bearbeitung von Diamanten eingesetzt werden kann. So sind die Verfahren unterschiedlich gut geeignet für die verschiedenen Diamantsorten. Weiterhin lassen sich mit den verschiedenen Verfahren unterschiedliche Geometrien fertigen. Die wichtigsten Verfahren im Hinblick auf eine Konturierung von Diamantwerkzeugen werden im Folgenden beschrieben.

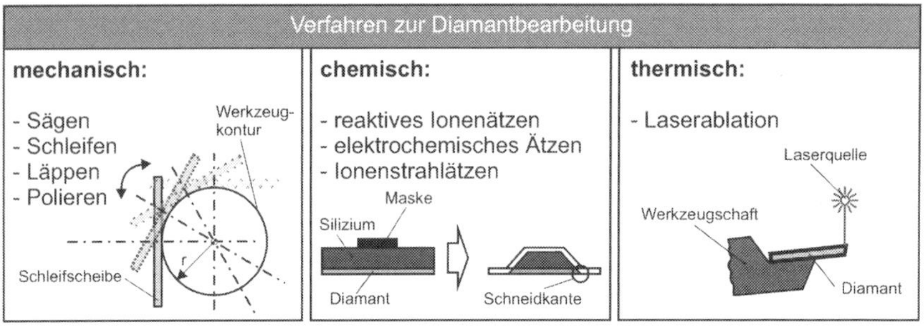

Bild 2.11: Gängige Bearbeitungsverfahren für Diamant
Standard machining processes for diamond

Mechanische Bearbeitungsverfahren

Die mechanischen Bearbeitungsverfahren beruhen darauf, dass sich Diamant zerspanend mit Diamant unter Berücksichtigung der kristallinen Orientierung bearbeiten lässt. Für das älteste Verfahren, das Sägen von Rohdiamanten, werden dünne Kupferscheiben verwendet, die mit in Öl gebundenem Diamantpulver bestrichen werden [SCHU08]. Während des Prozesses bleibt der durch das Sägen entstehende Diamantstaub an der Kupferscheibe haften, so dass kontinuierlich Abrasivmaterial zur Verfügung steht. Analog zum Sägen ist das Polieren und Läppen, welches historisch zur Endbearbeitung von Schmuckdiamanten verwendet wird. Als Werkzeug werden Scheiben aus Gusseisen genutzt, welche im allgemeinen über eine luftgelagerte Spindel angetrieben werden, damit ein möglichst guter Planlauf bis zu 0,05 µm erzielt wird [LIU02, YUAN03, ZONG07b]. Zur Erzielung einer sehr guten Oberflächengüte am Diamant muss die Oberflächengüte der Scheibe ebenfalls sehr gut sein, weswegen sie in einzelnen Fällen poliert wird [ZONG06]. Der Abtrag wird durch Diamantpulver erzielt, welches mit Öl in die Scheibe eingerieben wird und eine Korngröße von 0,1 µm bis 50 µm je nach Anwendung hat [GRIL00, VANB99, ZONG07a]. Die Kinematik für diesen Prozess ist in Bild 2.12 dargestellt. Hierbei wird der zu polierende Diamant durch eine X-Achse in radialer Richtung über die Scheibe bewegt und mit einer konstanten Kraft angedrückt. Mit Hilfe der oszillierenden Bewegung der X-Achse kann gewährleistet werden, dass ein gleichmäßiger Verschleiß auf der Scheibe entsteht. Je feiner das Diamantpulver ist, umso kleiner sind die Ausbrüche an der

Schneidkante [LIU02]. Ein Sonderverfahren ist das thermo-mechanische Läppen, welches zur Erzielung kleinster Schneidkantenverrundungen bis zu 14 nm herangezogen wird. Bei diesem Verfahren wird die gleiche Kinematik wie beim Polieren verwendet, wobei anstelle der Gussscheibe mit Diamantpulver eine auf Hochglanz polierte Stahlscheibe ohne Diamantpulver benutzt wird [ZONG07b]. Bei den genannten Polier- und Läppverfahren ergibt sich der Abtrag in Abhängigkeit der Anpresskraft F_P und der Bearbeitungsdauer. Die dem Abtrag zugrunde liegenden Mechanismen wurden in vielen Forschungsarbeiten untersucht und sind zum Teil noch nicht genau ermittelt [JARV98, VANB00, COUT97, HIRD04, FIEL96]. In dieser Arbeit soll darauf nicht näher eingegangen werden, da dies den Umfang der Arbeit übersteigen würde und das Ziel dieser Arbeit nicht beeinflusst.

Schleifverfahren zum mechanischen Bearbeiten von Diamanten werden nach den auf der rechten Seite in Bild 2.12 skizzierten Kinematiken durchgeführt. Hierbei wird der Diamant mit positionsgeregelten Achsen gemäß der gewünschten Form an einer Schleifscheibe entlanggeführt. Die Schleifscheibe beinhaltet Diamantpulver mit einer Korngröße von 4 – 8 µm das in einer Metallmatrix fest gebunden ist [HITC84, WEIN67]. Je nach Anwendungsfall sind auch gröbere Korngrößen möglich.

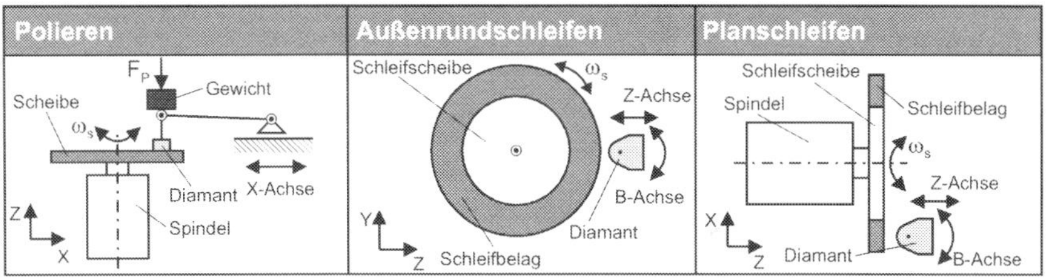

Bild 2.12: Mechanische Bearbeitungsverfahren

Mechanical machining processes

Chemische Bearbeitungsverfahren

Da Diamant ein chemisch sehr beständiges Material ist, ist die Umsetzung eines Ätzverfahrens zur Formgebung von Diamanten schwierig. Erst bei höheren Temperaturen kann Diamant mit einigen Stoffen wie zum Beispiel Kaliumnitrat (KNO_3) und ionisiertem Wasserstoff (H^+) geätzt werden [ENCK01b]. Ein Verfahren, welches von ERTL [ERTL03] zur Herstellung von Diamantskalpellen für die Opthalmochirurgie angewandt und untersucht wurde, ist in Bild 2.13 schematisch dargestellt. Zunächst wird mit dem CVD-Verfahren synthetischer Diamant auf einem monokristallinen Siliziumwafer abgeschieden. Mittels Fotolithographie wird dann eine Maske auf dem Silizium aufgebracht, welche die Form des Werkzeugs wiedergibt. Der Vorteil der Lithographie liegt in der Erzeugung sehr feiner Strukturen und Geometrien. Im Anschluss daran wird mit einem nasschemischen Ätzverfahren, welches wässriges Kaliumhydroxid (KOH) als Ätzmedium verwendet, der Siliziumwafer entlang der Maske abgetragen. Bei diesem Verfahrensschritt wird der Diamant nicht vom Ätzmedium angegriffen. Der entstehende Keilwinkel im Silizium hängt sowohl von der Verfahrensführung als auch vom verwendeten Ätzmedium ab und kann daher definiert eingestellt werden. Für die Herstellung von Werkzeugen wird ein kristallorientiertes Ätzverfahren angewendet, welches die gewünschten Keilwinkel basierend auf unterschiedlichen Ätzraten auf verschiedenen Kristallflächen einstellt. Hieraus erklärt sich auch die Notwendigkeit von orientierten monokristallinen Diamantwafern, auf denen sich hochorientierte CVD-Diamantschichten abscheiden. Im letzten Schritt wird die eigentliche Schneidkante im Diamant erzeugt. Dazu wird das reaktive Ionenätzen verwendet, was sowohl den Diamant als auch das Silizium in einem Gasplasma aus Argon (Ar) und Sauerstoff (O_2) simultan abträgt. Während des Prozesses dient das Silizium als Maske für den Diamant, wobei der Keilwinkel in den Diamant übertragen wird. Auch hier kann der Keilwinkel entsprechend variiert werden und von dem des Silizium abweichen. Die elektronenmikroskopische Aufnahme eines Werkzeugs in Bild 2.13 zeigt deutlich das dickere Siliziummaterial als Trägerschicht des Werkzeugs und die dünne Diamantschicht als eigentliche Schneide. Anwendungen dieses Verfahrens für die Werkzeugherstellung wurden von RITZHAUPT-KLEISSEL beschrieben [RITZ05]. Weitere Verfahren zum Ätzen von Diamant wurden beispielsweise von LEE, VAN ENCKEVORT und KUBOTA [LEE08, ENCK01b, KUBO12] entwickelt und beschrieben, sollen hier jedoch auf Grund des Umfangs nicht erläutert werden.

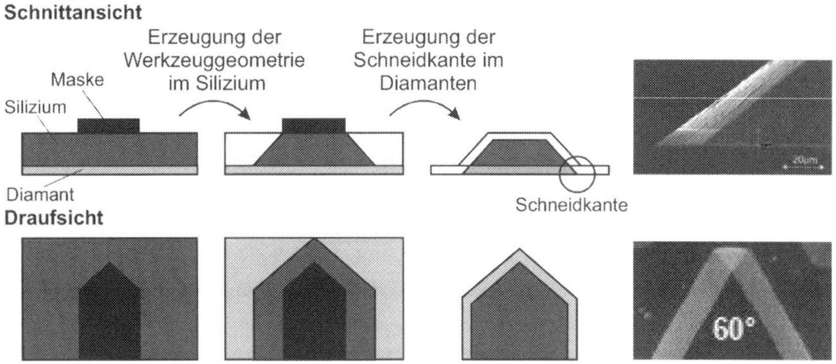

Bild 2.13: Ätzen von Diamantwerkzeugen [nach ERTL03]

Etching diamond tools

Thermische Bearbeitungsverfahren

Thermische Verfahren zur definierten Bearbeitung von Diamanten sind erst seit einigen Jahren verstärkt in der industriellen Anwendung. Das Prinzip der thermischen Verfahren beruht auf einer lokalen Erwärmung des Materials, so dass es an dieser Stelle verdampft. Um diese hohen lokalen Erwärmungen realisieren zu können, werden ausnahmslos Laser eingesetzt, wie die Prinzipskizze in Bild 2.14 zeigt. Durch eine Relativbewegung zwischen dem Werkstück und dem Laser, hier durch eine X- und Y-Achse realisiert, kann eine Bahn abgefahren werden, welche den Schnittweg erzeugt. Da Diamant eine sehr hohe Wärmeleitfähigkeit hat, ist es anspruchsvoll in diesem Material eine ausreichend hohe lokale Erwärmung zu generieren. Mit konventionellen Lasersystemen entsteht eine zu große Wärmeeinflusszone, die einen exakten Schnitt verhindert. Untersuchungen von FABIS mit verschiedenen Laserquellen zeigen, dass es günstiger ist, eine Laserquelle zu verwenden, deren Wellenlänge gut vom Diamant absorbiert wird. Beispielsweise verwendet FABIS einen ArF-Laser mit einer Wellenlänge von 193 nm. Dann werden die Atombindungen im Diamant aufgebrochen, so dass eine Bearbeitung mit geringerer Randzonenschädigung durchgeführt werden kann [FABI96]. Erst in der letzten Zeit konnte mit der Entwicklung von Ultrakurzpulslaser eine ausreichende Schnittqualität erzielt werden. Die Systeme arbeiten mit minimalen Pulsdauern bis zu 120 fs und Pulsfrequenzen zwischen 5 kHz und 60 kHz. Damit ergibt sich im Fokus eine Leistung von 10^{14} W, welche den Diamant direkt verdampfen lässt. Der Strahldurchmesser im Fokus beträgt dabei 2 - 30 µm [KATZ04, OHFU10]. Auf Grund der Tatsache, dass pro Laserpuls ein Materialabtrag von wenigen µm stattfindet, wird der gesamte Schnittweg sowohl in seiner lateralen Ausdehnung als auch in der Tiefe wiederholt abgescannt. Damit ergibt sich der Schnitt als eine Aneinanderreihung vieler punktförmiger Abtragsprofile. Je nach verwendeter Kinematik kann mit diesem Verfahren nahezu jede beliebige Geometrie gefertigt werden.

An der Schnittstelle bilden sich verschiedene Ablagerungen aus Graphit und Beeinflussungen der Randzone. Da diese die Anwendung der Laserbearbeitung in der Präzisionsbearbeitung einschränken, hat PARK die Bearbeitung im Vakuum als auch die Verwendung von Schutzgas untersucht, um diese Effekte zu minimieren [PARK00]. Die genaue Zusammensetzung und Entstehung der Ablagerungen bei der Laserbearbeitung verschiedener Diamantsorten hat OHFUJI untersucht [OHFU10]. Zunächst entsteht an der Auftreffstelle des Lichtpulses des Lasers hochorientierter Graphit (Skizze A in Bild 2.14).

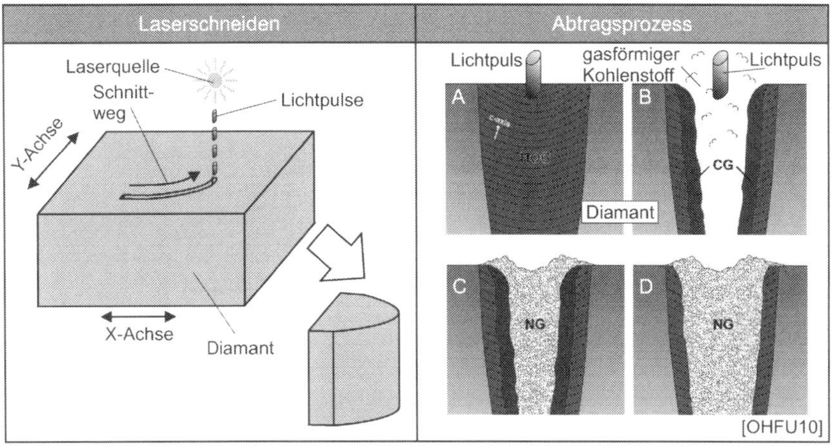

Bild 2.14: Schneiden mittels Laserablation

Cutting with laser ablation

Danach wird der hochorientierte Graphit im Zentrum sublimiert und am Rand entsteht korrugierter Graphit (Skizze B). Schließlich kristallisiert nanokristalliner Graphit aus dem gasförmigen Graphit am Rand während der Abkühlphase ohne Lasereinwirkung aus (Skizze C). Im Falle eines langsamen Laserabzeilens entlang des Schnittwegs entsteht kein korrugierter Graphit und die Lücke wird direkt mit nanokristallinem Graphit gefüllt (Skizze D).

Die hohe Flexibilität der Laserbearbeitungsverfahren, welche neben der Relativpositionierung des Werkstücks zum Laser auch noch die Veränderung der Fokuslage des Lasers beinhaltet, ermöglicht auch die Formgebung von dreidimensionalen Strukturen. Beispielsweise können diffraktive Diamantoptiken mit Mikrostrukturen [KONO02], Markierungen und Strukturen im Diamant [KONO11] und kleinste Strukturen mit geringsten Abtragsraten [KOML11] hergestellt werden.

2.2.4 Klassifizierung der Bearbeitungsverfahren

Classification of the machining processes

Die in Kapitel 2.2.3 beschriebenen Verfahren zur Bearbeitung von Diamanten sollen in diesem Kapitel bezüglich der Eignung zur Konturierung von hochpräzisen monokristallinen Diamantwerkzeugen klassifiziert werden. Da der Fokus dieser Arbeit auf der Formgebung asphärischer Werkzeuge liegt, werden die Verfahren nur mit Hinblick auf die Eignung für eine Konturierung betrachtet. Weiterhin können hochpräzise Werkzeuge für die Ultrapräzisionsbearbeitung auf Grund der allgemein besseren erzielbaren Formgenauigkeiten und Oberflächengüten am Werkzeug sinnvoll nur aus monokristallinen Diamanten hergestellt werden. Auch besteht die Schneidkante bei diesen Diamantsorten nicht aus einer Vielzahl kleiner Kristalle, die in der Oberfläche des Werkstücks abgebildet werden. Folglich werden die Bearbeitungsverfahren nur bezüglich der Bearbeitung von natürlichen und synthetischen monokristallinen Diamanten bewertet.

Hieraus folgt das erste Bewertungskriterium, welches die durch das jeweilige Verfahren zu bearbeitenden Diamantsorten berücksichtigt. Sowohl für die mechanischen als auch die thermischen Verfahren kann festgehalten werden, dass alle Diamantsorten bearbeitet werden können. Dies umfasst auch alle monokristallinen Diamantsorten. Durch Ätzen können ebenfalls alle Diamantsorten bearbeitet werden. Jedoch ist es mit diesem Verfahren um ein Vielfaches aufwendiger, definierte Formen zu erzeugen. Zudem können nur dünne Schichten in wirtschaftlich relevanten Zeiten bearbeitet werden, weswegen das Ätzen überwiegend zur Strukturerzeugung in dünnen CVD-Schichten angewendet wird. Beispielweise ist das beschriebene Verfahren von Ertl [ERTL03] auf dünne hochorientierte CVD-Schichten, die auf Siliziumwafern abgeschieden wurden, beschränkt. Daher werden Diamanten im Allgemeinen durch mechanische und thermische Verfahren konturiert [ENCK00].

Da Diamant anisotrope Werkstoffeigenschaften aufweist, ist die Berücksichtigung der kristallographischen Orientierung durch die Bearbeitungsverfahren entscheidend, um die gewünschten Qualitäten erzeugen zu können. Der wesentliche Vorteil der thermischen Bearbeitung mittels Laser ist, dass die Ausrichtung des Diamanten keinen Einfluss auf die Bearbeitung und das Bearbeitungsergebnis hat. Selbst beim Schneiden von PKD werden die einzelnen Diamantkörner durchgeschnitten [DMG12]. Im Gegensatz dazu können bei der mechanischen Bearbeitung von PKD einzelne Körner ausbrechen. Bei der mechanischen Bearbeitung muss die Orientierung berücksichtigt werden. Dazu muss eine entsprechende Prozesskinematik verwendet werden. Einen Extremfall stellt die chemische Bearbeitung dar. Hier hängen die Ätzraten bei monokristallinen Diamanten stark von den Kristallebenen ab, so dass die Orientierung zwingend beachtet werden muss. Andererseits können so die zu ätzenden Geometrien, insbesondere die Keilflächen, vorgegeben werden. Insgesamt weist die Laserbearbeitung bezüglich dieses Bewertungskriteriums die größte Flexibilität auf und ist daher einfach anzuwenden.

Der Vergleich zwischen der Laserbearbeitung mit Ultrakurzpulslasern und dem Schleifen zeigt einen signifikanten Nachteil der Laserbearbeitung [WEIK04]. Wie in Bild 2.15 dargestellt ist, kann das Schleifen eines Radiuswerkzeugs betrachtet werden, indem sich die Schleifscheibe auf einer Kreisbahn mit dem zu fertigenden Radius r_ε um den Diamant bewegt. Die Kontaktbahn, welche der Werkzeugkontur entspricht, ist eine kontinuierliche, glatte Bahn, deren Genauigkeit von der B-Achse abhängt. Folglich bestimmt sich die Genauigkeit des Werkzeugs durch die Genauigkeit der B-Achse.

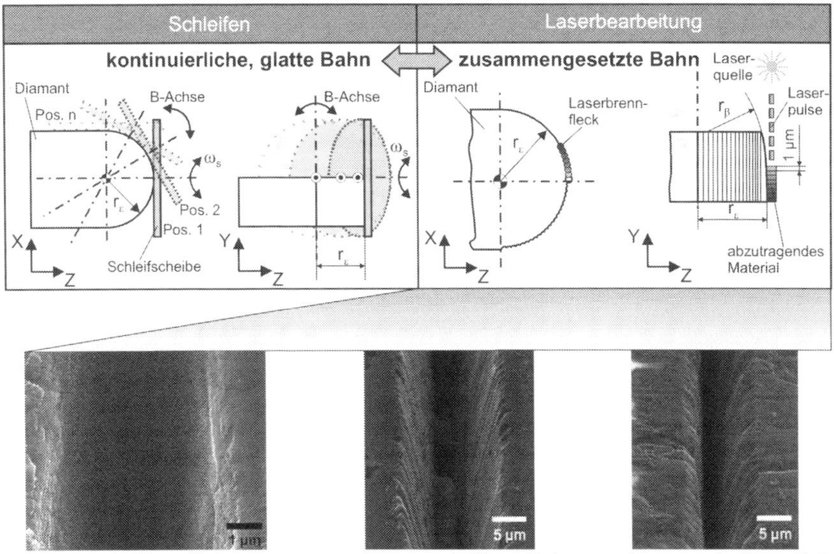

lasergeschnittene Nut in MKD [OHFU10]

lasergeschnittene Nut in MKD [ODAK09]

lasergeschnittene Nut in PKD [ODAK09]

Bild 2.15: Betrachtung Schleifen gegenüber Laserbearbeitung

Observation of grinding in comparison with laser machining

Bei der Laserbearbeitung entsteht die Werkzeugkontur durch die Aneinanderreihung punktförmiger Abtragsprofile, welche durch die einzelnen Laserpulse generiert werden. Jeder Laserpuls nimmt dabei in der Tiefe ca. 1 µm Material mit einem dem Laserbrennfleck entsprechenden Durchmesser ab. Da die Werkzeugkontur sowohl entlang der geführten Bahn auf dem Radius r_ε als auch in der Tiefe entlang der Y-Achse durch diskrete Punkte erzeugt wird, ergibt sich eine zusammengesetzte Bahn. Die Oberfläche bei der Laserbearbeitung ist dadurch deutlich unregelmäßiger als beim Schleifen. Zudem weitet sich der Schnittkanal an der Lasereintrittsstelle in das Material mit in der Tiefe fortschreitenden Materialabtrag auf. Dadurch entstehen eine Verrundung an der Oberseite, welche anhand der Aufnahmen in Bild 2.15 deutlich zu erkennen ist, und Abweichungen vom gewünschten Radius r_ε. Zudem entstehen Verunreinigungen auf der geschnittenen Oberfläche. [ODAK09]

Eine weitere Bewertungsgröße ist die Oberflächengüte, die mit den jeweiligen Verfahren auf dem monokristallinen Diamant erzielt werden kann. Zur Konturierung wird prinzipbedingt die Freifläche der Werkzeuge bearbeitet. Diese ist im Zerspanprozess nicht mit dem Werkstück in Kontakt. Jedoch setzen sich Fehler, welche in der Freifläche durch die Herstellung gegeben sind, bis in die Schneidkante fort, so dass die Güte der Freifläche sehr gut sein muss. Tabelle 2.1 fasst die mit den Bearbeitungsverfahren erzielbaren Oberflächengüten zusammen. Die Werte für die mechanische und chemische Bearbeitung sind in der gleichen Größenordnung, wohingegen die thermische Bearbeitung bezüglich der Oberflächengüte schlechter ist. Dies korreliert mit dem oben erläuterten Zusammenhang zur Schnittausbildung.

Von besonderem Interesse ist die mögliche Formfreiheit der Bearbeitungsverfahren. Diesbezüglich können sowohl mit dem chemischen als auch mit dem thermischen Verfahren nahezu alle Geometrien gefertigt werden. Das mechanische Bearbeitungsverfahren ist auf konvexe Formen begrenzt, da mit einer ebenen Scheibe bearbeitet wird, die die Fertigung von konkaven Formen und Hinterschneidungen auf Grund von Kollisionen nicht zulässt. Dies wird durch die am Markt verfügbaren Werkzeuggeometrien mit Radien-, Facetten-, V-Form und Ellipsenform wiedergegeben. In der Ultrapräzisionszerspanung werden fast ausschließlich konvexe Werkzeugformen verwendet. Zu dieser Kategorie zählen auch asphärische Werkzeuge, welche neue Anwendungen in der Ultrapräzisionszerspanung erschließen würden.

Die Formgenauigkeit ist entscheidend für Werkzeuge zum Hobeln und Fly-Cutten. Das mechanische Fertigungsverfahren ermöglicht die Erzeugung von Formgenauigkeiten bei Radiuswerkzeugen bis hin zu 0,02 µm [KYDI13]. Für die chemischen und thermischen Bearbeitungsverfahren fehlen diese Angaben. Da jedoch die Oberflächengüte bei den thermischen Verfahren auf Grund der Verschmutzung, Randzonenschädigung und dem pulsenden Bearbeitungsprinzip schlechter ist, kann daraus abgeleitet werden, dass auch die Formgenauigkeit schlechter ist. Insbesondere da die Oberflächengüte im Bereich der Formgenauigkeit der mechanischen Verfahren liegt.

Schließlich ist bei der Klassifizierung der Bearbeitungsverfahren die Betrachtung der Umsetzbarkeit ein wichtiges Bewertungskriterium. Monokristalline Diamantwerkzeuge für die Ultrapräzisionszerspanung werden im Allgemeinen in der Stückzahl eins gefertigt. Dies gilt im besonderen Maße für den Fall asphärischer Diamantwerkzeuge. Das Bearbeitungsverfahren muss diese Anforderung abdecken können. Mechanische und thermische Bearbeitungsverfahren können individuell für einzelne Werkzeuge durchgeführt werden. Chemische Bearbeitungsverfahren sind sehr aufwendig und sind erst für größere Stückzahlen wirtschaftlich. So können mit dem oben erläuterten Ätzverfahren viele Werkzeuge gleichzeitig gefertigt werden.

Tabelle 2.1: Potentiale der unterschiedlichen Bearbeitungsverfahren [VANH05, KYDI13, ERTL03, LEE08, ZONG08, WEIK04, KATZ04]

Potentials of different machining processes

	Mechanisch	Chemisch	Thermisch
Oberflächengüte der Schnittfläche	0,5 nm Ra	0,19 nm Ra	13 nm Ra
Kantenverrundung	14 nm	5 nm	2 µm
Formgenauigkeit	0,02 µm	k.A.	k.A.
Arbeitsschritte	einer	drei	einer
Formfreiheit	konvexe Formen	stark abhängig von Kristallorientierung	unbegrenzt
Sonstiges	kleine Stückzahlen	nur wirtschaftlich für große Stückzahlen	Verschmutzung, Randzonenschädigung

Die gesamtheitliche Betrachtung aller Bewertungskriterien zeigt, dass die mechanischen und thermischen Bearbeitungsverfahren das aussichtsreichste Potential zur Herstellung hochpräziser asphärischer monokristalliner Diamantwerkzeuge mit kleinen Stückzahlen haben. Obwohl die chemischen Verfahren die kleinsten Schneidkantenverrundungen in Kombination mit einer guten Oberflächengüte bieten, sind sie auf Grund der dünnen bearbeitbaren Diamantschichten und der Einschränkung auf große Stückzahlen nicht geeignet. Weiterhin schränkt das kristallorientierte Ätzverhalten die Fertigung beliebiger Keilwinkel und Geometrien ein. Die Laserbearbeitung kombiniert eine unbegrenzte Formfreiheit mit einer einfachen Prozessführung, welche sich insbesondere für die Stückzahl eins auszeichnet. Zudem muss die kristalline Ausrichtung nicht berücksichtigt werden. Als Ausschlusskriterium muss jedoch die mangelnde Oberflächengüte und die hohe Kantenverrundung herangezogen werden. Beide Kriterien können im Bereich von konventionellen Werkzeugen, beispielsweise PKD-Werkzeuge zur Hartzerspanung, als ausreichend angesehen werden. Im Bereich der Ultrapräzisionsbearbeitung mit monokristallinen Diamantwerkzeugen kann die Laserbearbeitung zur Endbearbeitung der Werkzeuge jedoch nicht angewendet werden. Bezüglich der erreichbaren Oberflächengüte, Schneidkantenverrundung und Formgenauigkeit bietet die mechanische Bearbeitung durch Schleifen,

Läppen und Polieren ein hohes Potential für die Endbearbeitung monokristalliner Diamantwerkzeuge mit höchsten Genauigkeiten. Weiterhin können diese Verfahren auch problemlos für die Stückzahl eins herangezogen werden. Lediglich die Begrenzung auf konvexe Formen schränkt dieses Verfahren ein. Da jedoch diese Formen in der Ultrapräzisionszerspanung den größten Anteil haben, fehlt es wie schon bei den Werkzeugen in Kapitel 2.1 aufgezeigt, lediglich an asphärischen Geometrien. Mechanische Bearbeitungsverfahren weisen jedoch die Möglichkeit auf, diese Geometrien zu fertigen. Bisher wurde dieses Potential noch nicht ausgeschöpft, so dass sich hier ein entsprechender Forschungsbedarf mit Anwendungsrelevanz ableiten lässt.

2.3 Maschinensysteme zur Werkzeugherstellung

Machining systems for tool making

Die oben beschriebenen Eigenschaften des Diamanten stellen besondere Anforderungen an Maschinensysteme zur Bearbeitung von monokristallinen Diamantwerkzeugen, welche mit dem in Bild 2.16 dargestellten Prozessablauf gefertigt werden. Wenn die Werkzeuge aus natürlichen Diamanten hergestellt werden, muss der Rohdiamant, welcher häufig in der Form eines Oktaeders vorliegt, zunächst geteilt und in eine Rohform geschnitten werden. Dies geschieht entweder durch ein mechanisches Sägen mit einer Sägescheibe aus Kupfer, die mit Diamantpulver eingerieben wurde, oder durch einen Laserschneidprozess. Im Anschluss daran folgt der wichtige Schritt des Ausrichtens. Ziel des Ausrichtens ist es, den Diamant mit der gewünschten kristallinen Orientierung auf dem Werkzeugschaft zu befestigen. Die gewünschte kristalline Orientierung richtet sich zum einen nach der späteren Verwendung des Diamantwerkzeugs und zum anderen nach der für die zerspanende Bearbeitung günstigsten Orientierung. Durch das Ausrichten wird sowohl die Kristallfläche der Spanfläche festgelegt als auch die Kristallrichtung auf der Spanfläche relativ zur Mittelachse des Werkzeugschafts. Für diesen Arbeitsschritt kann ein Röntgendiffraktometer verwendet werden, mit dem die Kristallflächen bestimmt werden können [LAUE59, KATR02]. Durch einen Vakuumlötprozess wird der Diamant anschließend auf dem Werkzeugschaft befestigt.

Der Hauptteil der Werkzeugherstellung schließt sich dann an. Zunächst wird der Diamant vorkonturiert. Heutzutage werden hierzu Laserschneidverfahren angewendet, mit denen sich in kurzer Zeit die angestrebte Werkzeugkontur annähern lässt. Um jedoch eine hohe Qualität und Genauigkeit der Schneide zu erzielen, muss diese mit einem feinen Schleifverfahren endbearbeitet werden. Gegebenenfalls wird die Kontur auch geläppt oder poliert. Der finale Bearbeitungsschritt ist das Läppen der Spanfläche. Dieser Prozess dient dazu, die geringe Schneidkantenverrundung und damit hohe Schärfe des Diamantwerkzeugs herzustellen. Damit ist dieser Bearbeitungsschritt der entscheidende Schritt, welcher die Herstellung von hochpräzisen Diamantwerkzeugen gegenüber konventionellen Werkzeugen unterscheidet, und sowohl nach dem mechanischen als auch dem thermischen Konturieren durchgeführt werden muss. Für die Bearbeitung der Kontur und der Spanfläche werden folglich verschiedene Prozesse verwandt, für die auch verschiedene Bearbeitungsscheiben an der Maschine notwendig sind. Zudem unterscheiden sich diese Prozesse auch in der Prozessführung, sodass sich hieraus unterschiedliche Anforderungen an das jeweilige Maschinensystem ableiten. Alle genannten Prozessschritte werden daher auf verschiedenen Maschinen durchgeführt. Dadurch ergeben sich viele Umspannvorgänge, die immer mit einem Genauigkeitsverlust verbunden sind und zu deutlicher Mehrarbeit auf Grund der notwendigen neuen Ausrichtung des Werkzeugs in der Bearbeitungsmaschine führen. Besonders zwischen dem Schleifen der Schneide und dem Läppen der Spanfläche ergeben sich hierdurch Nachteile. Beispielsweise können diese beiden Prozessschritte in mehreren Stufen und in iterierender Reihenfolge durchgeführt werden. In diesem Fall ist ein Umspannen höchst nachteilig und eine Bearbeitung in einer Aufspannung in einer Maschine wünschenswert. Zudem muss zwischen diesen Prozessschritten das Werkzeug gemessen werden, was idealerweise in der Bearbeitungsmaschine geschieht.

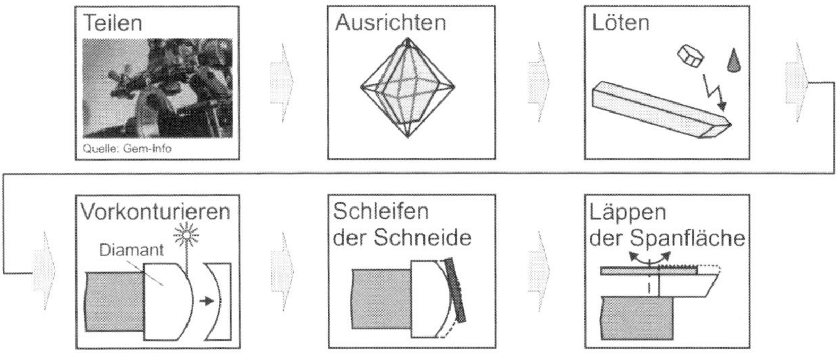

Bild 2.16: Herstellung monokristalliner Diamantwerkzeuge

Manufacturing monocrystalline diamond tools

Maschinensysteme, welche zur Konturierung von monokristallinen Diamantwerkzeugen konzipiert wurden, sind in Bild 2.17 aufgeführt. Die Firma Contour Fine Tooling verwendet zum Konturschleifen hochpräziser monokristalliner Diamantwerkzeuge selbst entwickelte und gebaute Maschinen wie auf der linken Seite in Bild 2.17 gezeigt [VANH05]. Diese Maschine verfügt über eine vertikal angeordnete Spindel mit der darauf montierten Schleifscheibe. Das Diamantwerkzeug wird durch eine vierachsige Kinematik zur Erzeugung der Werkzeugkontur geführt. Über die als Joch ausgeführte manuell zu bedienende A-Achse wird der Freiwinkel eingestellt. Die B-Achse dient zur Erzeugung des Spitzenradius und des Öffnungswinkels und die Z-Achse zur Einstellung des Eckenradius sowie der Zustellung in Spindelrichtung. Über die X-Achse wird eine Pendelbewegung ausgeführt, durch die die gesamte Schleifscheibenbreite mit dem Werkzeug abgedeckt wird, um einen gleichmäßigen Verschleiß der Scheibe zu gewährleisten. Insgesamt ist diese Maschine nur teilweise automatisiert und ist auf das Konturschleifen der Werkzeuge limitiert. Ein Läppen der

Spanfläche und Messen des Werkzeugs in der Maschine ist nicht möglich. Zudem ist die Geometrievielfalt auf Facetten- und Radiuswerkzeuge eingeschränkt.

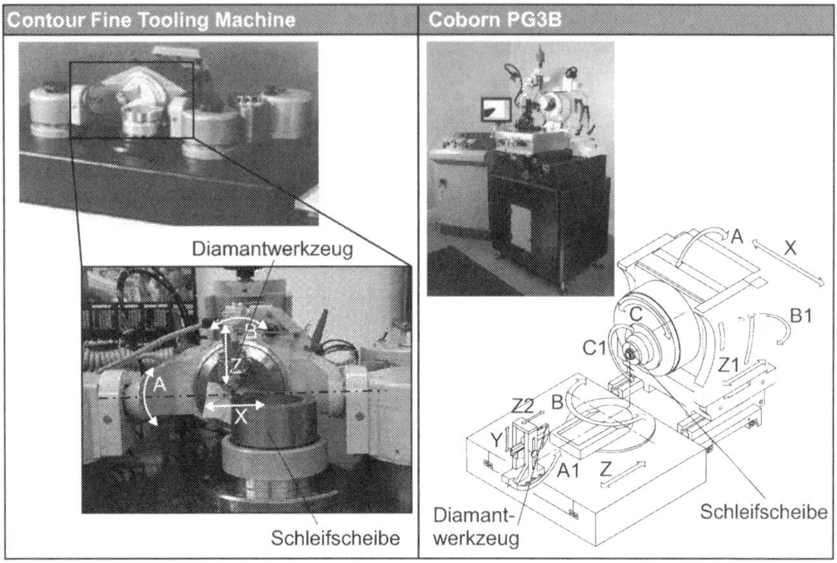

Bild 2.17: MKD-Schleifmaschinen [VANH05, COBO12a]

MCD grinding machines

Eine weitere Maschine zur Konturierung monokristalliner Diamantwerkzeuge wird von der Firma Coborn vertrieben, wie sie auf der rechten Seite in Bild 2.17 dargestellt ist. Diese Maschine hat eine horizontal angeordnete Spindel C1, welche zusätzlich in einer wälzgelagerten Exzenterspindel C aufgenommen ist. Dadurch kann die Schleifrichtung auf einen beliebigen Wert fest eingestellt als auch kontinuierlich im Prozess variiert werden. Analog zur Maschine der Firma Contour erfüllen die Achsen A1, B, X und Z die gleichen Funktionen. Durch die zusätzliche Achse A können auf der Maschine sowohl Werkzeuge mit konischem als auch zylindrischem Freiwinkel hergestellt werden. Jedoch ist diese Maschine ebenfalls nur teilautomatisiert, was sich beispielsweise in der Handverstellung der A-Achsen widerspiegelt. Auch kann die Spanfläche des Werkzeugs mit dieser Maschine nicht bearbeitet werden. Die herstellbaren Geometrien beschränken sich auf Grund der manuellen Verstellung der Z-Achsen auf Facetten- und Radiuswerkzeuge.

Zur Bearbeitung von Wendeschneidplatten aus Hartstoffen wie PKD und CBN steht eine größere Vielfalt an Maschinen zur Verfügung. Bild 2.18 zeigt zwei Beispiele, welche für die Herstellung kleiner Stückzahlen von PKD-Werkzeugen entwickelt wurden. Die Geometrie des Werkzeugs wird über die manuell verstellbaren Achsen A, B, C, X1 und Z definiert. Mit der X-Achse wird eine automatische Oszillation zur gleichmäßigen Überdeckung der Schleifscheibe ausgeführt. Diese Maschine ist nur zur Konturierung von PKD-Werkzeugen zu verwenden. Weiterhin ist sie auf Grund der Kinematik und der fehlenden Automatisierung auf einfache Werkzeuggeometrien limitiert. Zudem kann die Schnittrichtung nicht variabel eingestellt werden. Mit einer Auflösung von 0,01 mm [LACH97] kann diese Maschine nicht zur Herstellung hochpräziser Diamantwerkzeuge im µm-Bereich verwendet werden.

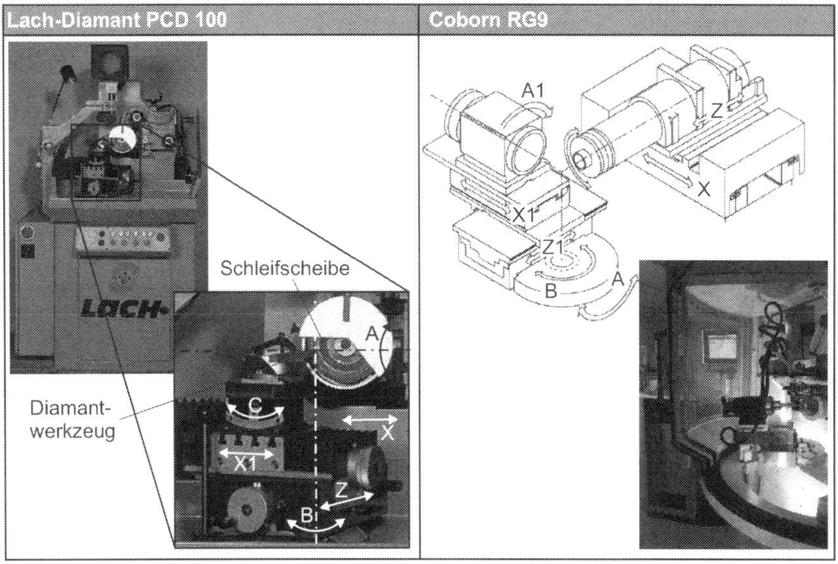

Bild 2.18: PKD-Schleifmaschinen 1 [LACH97, COBO12b]

PCD grinding machines 1

Neben einer Maschine zum Schleifen von MKD-Werkzeugen bietet die Firma Coborn auch eine Maschine zum Schleifen von PKD-Wendeschneidplatten an, welche in Bild 2.18 auf der rechten Seite dargestellt ist. Wie bei den anderen genannten Maschinen wird die Geometrie des Werkzeugs mit der A, B, Z, Z1 und X1 Achse eingestellt. Die Maschine RG9 ist im Gegensatz zu den anderen Maschinen mit einer NC-Steuerung ausgerüstet, so dass sich eine automatisierte Fertigung durchführen lässt. Durch die Integration der A1-Achse kann das Werkzeug um seine Schaftachse gedreht werden, wodurch eine Bearbeitung der Spanfläche des Werkzeugs ermöglicht wird. Jedoch kann die Spanfläche nur mit der gleichen Schleifscheibe bearbeitet werden, mit der auch die Kontur des Werkzeugs geschliffen wird. Da jedoch für die Bearbeitung der Kontur und der Spanfläche eines monokristallinen Diamantwerkzeugs verschiedene Prozesse und damit Scheiben notwendig sind, kann diese Maschine nur bedingt zur Bearbeitung von MKD-Werkzeugen herangezogen werden. Mit der X-Achse wird wie bei der Maschine der Firma Lach-Diamant eine Oszilation zur Erzeugung eines gleichmäßigen Verschleißes auf der Schleifscheibe ausgeführt. Eine weitere Beschränkung ist der fehlende Schleifrichtungswechsel auf dieser Maschine.

Zwei weitere Maschinen zur Herstellung von Schneidplatten aus PKD und CBN sind in Bild 2.19 aufgeführt. Die Maschine FC-200CNC der Firma Farman hat vier Achsen zum Schleifen der Werkzeuge und eine W-Achse für die Zustellung der Abrichtspindel. Wie schon bei den Maschinen Lach-Diamant PCD 100 und Coborn RG9 dient die A-Achse zur Einstellung des Freiwinkels, die B-Achse zur Erzeugung des Spitzen- und Öffnungswinkels, die Z-Achse zur Zustellung für die Radiuseinstellung und die X-Achse zur Oszilation der Schleifscheibe. Mit der direkt über der Schleifspindel angebrachten Abrichteinheit bestehend aus Abrichtspindel und Zustellachse W kann ein kontinuierliches Abrichten während des Schleifprozesses realisiert werden. Dies gewährleistet eine optimale Schnitthaltigkeit der Schleifscheibe und einen guten Prozess. Ebenso wie die oben beschriebenen Maschinen ist die Farman FC-200CNC für die Fertigung kleiner Stückzahlen von PKD- und CBN-Werkzeugen konzipiert. Sie verfügt nicht über die Möglichkeit einer veränderbaren Einstellung der Schnittrichtung. Weiterhin kann die Spanfläche des Werkzeugs auf dieser Maschine nicht bearbeitet werden, weswegen kleine Schneidkantenverrundungen am Werkzeug mit dieser Maschine nicht realisierbar sind.

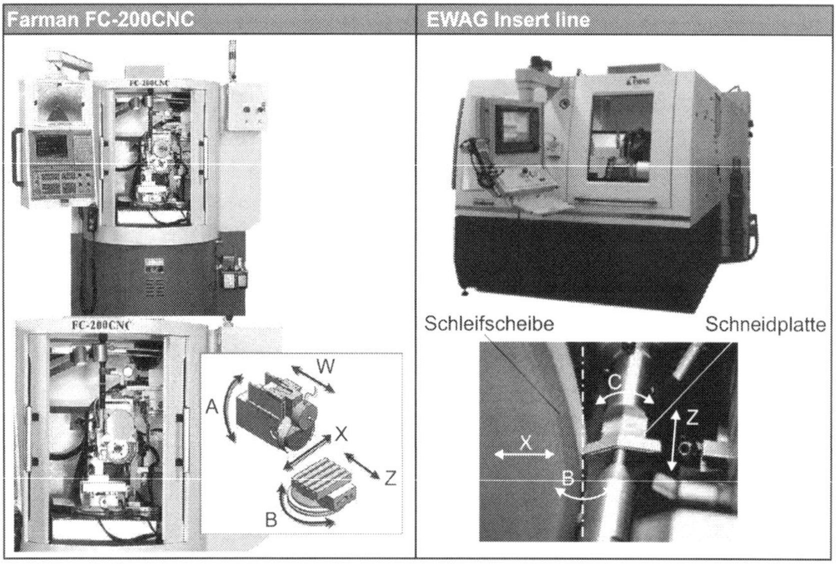

Bild 2.19: PKD-Schleifmaschinen 2 [FARM08, EWAG11]

PCD grinding machines 2

Eine Maschinenkinematik, welche sich zur Fertigung großer Stückzahlen eignet, wird durch die auf der rechten Seite des Bild 2.19 dargestellte Maschine der Firma EWAG umgesetzt. Mit einer Vierachskinematik wird prinzipiell ein Außenrundschleifprozess entlang der Freifläche der Schneidplatte realisiert. Die B-Achse dient zur Einstellung des Freiwinkels, die C-Achse zur Erzeugung des Spitzen- und Öffnungswinkels, die X-Achse zur Fertigung des Eckenradius und die Z-Achse zur Bearbeitung der gesamten Freifläche und der Überdeckung der gesamten Schleifscheibenbreite. Durch diese Kinematik und die entsprechende Spannung der Schneidplatte kann ein automatisierter Schleifprozess gut umgesetzt werden, welcher durch einen Werkstückwechsler in der Maschine unterstützt wird. Zudem verfügt die Maschine über einen kompakten und steifen Aufbau, so dass hohe Prozesskräfte, die beim Schleifen von PKD- und CBN-Werkzeugen auftreten, gut aufgefangen werden können. Mit Hinblick auf MKD-Werkzeuge fehlt jedoch die Möglichkeit, die Schnittrichtung zu ändern. Weiterhin ist die Spanfläche der Schneidplatte nicht zugänglich, so dass diese nicht mit einem Läppprozess bearbeitet werden kann. Daher eignet sich diese Maschine nicht zur hochpräzisen Fertigung von MKD-Werkzeugen mit geringer Stückzahl.

Ein weiteres Konzept für eine Diamantläppmaschine zur Konturierung von monokristallinen Diamantwerkzeugen wurde von ZONG vorgestellt [ZONG10]. Ziel dieser Maschinenentwicklung ist es die Welligkeit der zu fertigenden Diamantwerkzeuge weiter zu verbessern, was über hydrostatische Lagerungen erreicht werden soll. Bezüglich der Kinematik und der halbautomatischen Bedienung orientiert sich dieses Maschinenkonzept jedoch an der Maschine PG3B der Firma Coborn.

2.4 Zusammenfassende Erkenntnisse aus dem Stand der Technik

Summary of the state of the art

Obwohl die Herstellung hochpräziser monokristalliner Diamantwerkzeuge ein Nischenverfahren in der relativ kleinen Branche der Ultrapräzisionszerspanung ist, ist sie die Voraussetzung für die hochgenauen und hochqualitativen Arbeitsergebnisse der Ultrapräzisionszerspanung, welche ihrerseits eine Vielzahl von technisch und wirtschaftlich relevanten Branchen beeinflusst. Folglich gibt es weltweit nur eine kleine Anzahl von Unternehmen, die hochgenaue MKD-Werkzeuge fertigen. In Kombination mit der geringen Größe dieser Unternehmen leitet sich daraus ab, dass Forschungs- und Entwicklungsarbeiten auch unter Einbeziehung von Universitäten und weiteren Forschungseinrichtungen eine im Vergleich zu anderen Bereichen der Produktionstechnik geringe Ausprägung haben.

Auf der einen Seite gibt es eine ausreichende Anzahl an Forschungsarbeiten die sich mit den Eigenschaften, der synthetischen Herstellung und der Anwendung von Diamanten befassen. Diese sind unter anderem in den Sammelbänden von BERMAN, NAZARE und FIELD [BERM65, NAZA01, FIEL92b] zusammengefasst. Auch gibt es Arbeiten, welche sich mit der allgemeinen zerspanenden Bearbeitung von Diamanten und den richtungsabhängigen Eigenschaften von Diamant beschäftigen [GRIL00, VANB99, WILK65, WILK91]. Überwiegend liegt der Fokus auf dem Bearbeiten von Schmuckdiamanten zu Brillanten. Bezüglich monokristalliner Diamantwerkzeuge beschränken sich die Arbeiten jedoch auf das Läppen und Polieren der Spanfläche und die erzielbaren minimalen Schneidkantenverrundungen am Werkzeug [ZONG06, ZONG07a, ZONG07b, ZONG08, GRIL00, YUAN03, MALS99, VANB00]. Die Konturierung von MKD-Werkzeugen wird jedoch nur in sehr wenigen Forschungsarbeiten ansatzweise behandelt [ZONG09, ZONG10, WEIN67, VANB99]. Vor dem Hintergrund komplexerer Zusammenhänge bei der Konturierung auf Grund der sich ändernden Kristallorientierung entlang der Werkzeugkontur ist hier ein deutlich größerer Forschungsbedarf zu sehen. Hier fehlt zum einen eine theoretische Betrachtung der Konturierung monokristalliner Diamantwerkzeuge als auch eine Validierung und Ergänzung dieser Betrachtungen mit Hilfe von Prozessuntersuchungen. Insbesondere in Bezug auf frei geformte Werkzeugkonturen, wie zum Beispiel asphärische Konturen, sind bisher keine Veröffentlichungen erschienen.

Die genannten Anforderungen und Forschungsbedarfe auf der Prozessseite bedingen eine entsprechende Maschinentechnik. Maschinensysteme zur reinen Bearbeitung von MKD-Werkzeugen werden nur von der Firma Coborn am Markt angeboten. Alle übrigen Maschinen sind primär für die Bearbeitung von PKD- und CBN-Werkzeugen konzipiert. Hersteller von hochgenauen monokristallinen Diamantwerkzeugen wie zum Beispiel Contour haben ihre eigenen Maschinen entwickelt. Weiterhin werden Standard-UP-Maschinen für die Bearbeitung von MKD-Werkzeugen modifiziert. In den Veröffentlichungen zum Läppen und Polieren von monokristallinen Diamanten wird das anisotrope Verhalten von Diamant in Bezug auf Abtrag, Reibung und Prozesskraft theoretisch und anhand von Versuchen umfangreich untersucht und erläutert. Jedoch gibt es zurzeit kein Maschinensystem, welches dieses bei der Konturierung der Werkzeuge genügend berücksichtigen kann. Lediglich mit der Maschine PG3B der Firma Coborn kann die Schnittrichtung variabel eingestellt werden. Allerdings kann die Schnittrichtung nicht entlang der Kontur definiert variiert werden. Weiterhin können mit allen dargestellten Maschinensystemen keine asphärischen Werkzeuge gefertigt werden, da sie zum einen nicht über die notwendige Achsanzahl und Kinematik verfügen, und zum anderen nicht mit einer entsprechenden Steuerungstechnik ausgestattet sind. Beispielsweise wird der gewünschte Eckenradius mit manuellen Verstellrädern der Z-Achse bei der Maschine PG3B eingestellt. Nur die Oszillation der X-Achse und die Drehung der B-Achse sind automatisiert. Die exzellente Schärfe monokristalliner Diamantwerkzeuge in Form einer geringen Schneidkantenverrundung wird durch das finale Läppen der Spanfläche erzielt. Um eine hohe Genauigkeit der Werkzeuge auch bei diesem Prozess zu erzielen, wäre ein konsequenter Ansatz beide Bearbeitungsverfahren in einer Aufspannung durchzuführen. Auch würde eine Messung in der Maschine eine eventuelle Nacharbeit vereinfachen und zu besseren Ergebnissen hinsichtlich der Genauigkeit führen. Der Stand der Technik beschränkt sich diesbezüglich darauf, alle drei Bearbeitungsschritte auf separaten Maschinen durchzuführen.

Folgender Forschungsbedarf kann basierend auf dem Stand der Technik zusammengefasst werden, um die Fertigung frei geformter Konturwerkzeuge auf der Basis monokristalliner Diamantwerkstoffe zu untersuchen:

- Die Konzeption eines Maschinensystems, welches die Anforderungen an die zerspanende Bearbeitung monokristalliner Diamantwerkstoffe konsequent berücksichtigt, ermöglicht es, umfangreiche Prozessuntersuchungen durchzuführen. Damit kann das Wissen über die zerspanende Bearbeitung monokristalliner

Diamantwerkstoffe erweitert werden und darauf aufbauend Prozessoptimierungen initiiert werden.

- Erweiterung der Achskinematik und Steuerungstechnik zur Herstellung frei geformter Werkzeuggeometrien, um den neuen Marktanforderungen gerecht zu werden. Zudem bietet dies die Möglichkeit, den Umfang und die Tiefe der Prozessuntersuchungen zu erweitern.
- Eine Zusammenführung des Schleifens der Werkzeugkontur, des Läppens der Spanfläche und der Messung in einer Maschine zur Bearbeitung des monokristallinen Diamantwerkzeugs in einer Aufspannung ermöglicht die Steigerung der Bearbeitungsgenauigkeit und damit der Werkzeuggeometrie. Dies kann unterstützt werden durch die Neukonzeption eines Maschinensystems, welches nach Konstruktionsrichtlinien für UP-Maschinen und den entsprechenden hochpräzisen Maschinenelementen aufgebaut ist.
- Systematische Prozessuntersuchungen zur Konturierung von MKD-Werkzeugen bilden eine weitere Grundlage zur Herstellung hochpräziser frei geformter Werkzeuge und erweitern das Prozesswissen der zerspanenden Diamantbearbeitung.

3 Zielsetzung, Aufgabenstellung und Vorgehensweise

Objectives, Tasks and Modus Operandi

Um neue Anwendungen im Bereich der Beleuchtungs-, Solar- und Unterhaltungsindustrie zu ermöglichen, müssen neue Mikrostrukturgeometrien gefertigt werden können. Die Schlüsseltechnologie dazu ist die Ultrapräzisionszerspanung mit monokristallinen Diamantwerkzeugen, welche geometrisch bestimmte Schneiden aufweisen. Durch eine direkte abbildende Fertigung der Strukturen können diese hochpräzise und mit bester Qualität in das Werkstück übertragen werden. Wie der Stand der Technik darlegt, mangelt es an den dafür notwendigen Geometrien der Diamantwerkzeuge. Dies ist zum einen darin begründet, dass die zur Herstellung der Werkzeuge notwendige Maschinentechnik zurzeit nur eingeschränkt verfügbar ist. Zum anderen ist das Prozesswissen zur Fertigung asphärischer monokristalliner Diamantwerkzeuge noch nicht vollständig. Vorhandenes Prozesswissen zum Schleifen von Diamanten basiert vielfach noch auf empirischen Erfahrungen der jeweiligen Maschinenbediener. Daraus lassen sich die folgenden Aufgaben ableiten, um die Potentiale der Ultrapräzisionszerspanung weiter auszuschöpfen:

- Aufbau eines flexiblen Maschinensystems unter Berücksichtigung der im Stand der Technik genannten Nachteile bestehender Systeme, um die Endbearbeitung hochpräziser monokristalliner Diamantwerkzeuge mit freiförmigen Schneidengeometrien untersuchen zu können.
- Aufstellung geeigneter Prozessstrategien basierend auf theoretischen Überlegungen und empirischen Prozessuntersuchungen zur Herstellung der Diamantwerkzeuge auf dem aufgebauten Maschinensystem.
- Validierung des Maschinensystems und der Prozessstrategien durch die Herstellung von Demonstratorwerkzeugen.

Zur Beantwortung der übergeordneten Forschungsfrage wie maschinen- und prozessseitige Größen die Fertigung asphärischer monokristalliner Diamantwerkzeuge beeinflussen, ist der inhaltliche Teil dieser Arbeit in zwei Themenblöcke unterteilt. Auf Grund fehlender Maschinentechnik muss diese zur weiteren Bearbeitung und Vertiefung der Thematik bereitgestellt werden. Die wissenschaftlichen, konzeptionellen und konstruktiven Arbeiten hierzu werden in den Kapiteln 4 bis 6 beschrieben.

In einem ersten Schritt werden in Kapitel 4 die Anforderungen an ein Maschinensystem zur spanenden Bearbeitung von monokristallinen Diamantwerkzeugen systematisch erarbeitet. Da Diamant ein Werkstoff mit besonderen Eigenschaften ist, werden zunächst die sich daraus abzuleitenden Anforderungen im Kapitel 4.1 ermittelt. Insbesondere wird hier auf den kristallinen Aufbau des Diamanten Bezug genommen und die sich daraus ergebenden Anforderungen an das Maschinensystem zusammengestellt. Der zweite Schwerpunkt der Forschungsfrage ist die Herstellung asphärischer Werkzeuge. Die hierzu notwendigen Anforderungen an die Kinematik einer

Bearbeitungsmaschine werden im Unterkapitel 4.2 systematisch anhand der gewünschten Werkzeuggeometrien ermittelt.

Im Anschluss daran wird die Umsetzung des Maschinensystems anhand der abgeleiteten Anforderungen in Kapitel 5 detailliert erläutert. Kapitel 5.1 beinhaltet die systematische Konzeptionierung des Maschinensystems. Hierzu werden verschiedene Konzepte zur Berücksichtigung der werkstoffbedingten Anforderungen als auch der kinematischen Anforderungen betrachtet und diskutiert. Mit Hilfe einer Bewertung werden die bestmöglichen Konzepte zur Realisierung der Anforderungen ausgewählt. Abschließend wird im Unterkapitel 5.2 die Auslegung der wichtigsten Baugruppen der Diamantschleifmaschine dargestellt. Die wichtigsten Eigenschaften des Maschinensystems werden in Kapitel 6 untersucht und diskutiert. Hierbei liegt der Fokus auf den Eigenschaften, welche einen signifikanten Einfluss auf den angestrebten Bearbeitungsprozess haben.

Der zweite Themenblock dieser Arbeit wird in Kapitel 7 behandelt. Mit dem Maschinensystem zur Diamantbearbeitung werden grundlegende Untersuchungen zum Schleifen von monokristallinen Diamantwerkzeugen durchgeführt. Nach einer ersten Optimierung der Maschine werden anhand der Methodik zur statistischen Versuchsplanung signifikante Einflussfaktoren identifiziert. Im Anschluss daran werden weitere Prozessuntersuchungen zum tieferen Verständnis des Diamantschleifens durchgeführt. Abschließend werden Prozessstrategien zur Fertigung asphärischer monokristalliner Diamantwerkzeuge aus den Untersuchungsergebnissen abgeleitet und diese bei einer exemplarischen Fertigung von Werkzeugen validiert. Bevor die Ergebnisse dieser Arbeit in Kapitel 8 zusammengefasst und ein Ausblick auf weitere Forschungstätigkeiten gegeben wird, werden die gefertigten Diamantwerkzeuge in Zerspanungstests angewendet.

4 Ableitung von Anforderungen für eine Diamantbearbeitungsmaschine

Deduction of requirements for a diamond grinding machine

In diesem Kapitel sollen auf der Basis von bestehenden Prozessen und den zu untersuchenden Prozessen Anforderungen an ein Maschinensystem zur schleifenden Endbearbeitung von monokristallinen Diamantwerkzeugen systematisch abgeleitet werden. Dabei werden die Spezifikationen in Anforderungen gegliedert, welche sich aus den Eigenschaften des zu bearbeitenden Materials Diamant ableiten, und Anforderungen, welche sich aus den zu fertigenden Werkzeuggeometrien ableiten. Insbesondere wird der Fokus auf Anforderungen gelegt, welche sich aus dem Fazit zum Stand der Technik ergeben und bisher nicht zufriedenstellend umgesetzt wurden. Das Ergebnis dieses Kapitels wird in einer detaillierten Anforderungsliste dokumentiert und dient als Basis für die weiteren Arbeiten.

4.1 Anforderungen resultierend aus dem zu bearbeitenden Material

Requirements due to the material

Um eine höhere Verschleißfestigkeit bei der Zerspanung zu erzielen, werden monokristalline Diamantwerkzeuge mit einer festen Kristallorientierung auf den Werkzeugschaft aufgelötet [ZONG07a]. Bei den üblichen Orientierungen wird die Spanfläche entweder durch die (100)- oder die (110)-Ebene gebildet [ZONG09]. Diamantwerkzeuge, die eine (100)-Ebene als Spanfläche aufweisen, sind resistenter gegen chemischen Verschleiß, welcher überwiegend bei der Zerspanung von Kunststoff auftritt. Die (110)-Ebene als Spanfläche eignet sich besser bei mechanischem Verschleiß, welcher bei der Zerspanung von Metallen vorliegt [VANH05]. Diese Orientierungen der Diamantwerkzeuge sind in Bild 4.1 mit den entsprechenden Kristallebenen und Richtungen dargestellt. Bei der Bearbeitung der Spanfläche liegt die weiche Richtung immer entlang der Längsrichtung des Diamantwerkzeugs, welche durch die Schaftachse gebildet wird. Im Gegensatz dazu sind die Richtungen auf den zu fertigenden Freiflächen unterschiedlich orientiert. Am Beispiel der in Bild 4.1 dargestellten Facettenwerkzeuge weisen die verschiedenen Freiflächen unterschiedliche Kristallflächen auf. Bedingt durch die unterschiedliche Kristallebene für die Spanfläche ergibt sich eine andere Orientierung des Diamantwerkzeugs im Oktaeder und der Elementarzelle, was zu verschiedenen Kristallflächen an den seitlichen Freiflächen führt. In Bild 4.1 sind für beide Werkzeugorientierungen die jeweiligen Extremfälle dargestellt. Beträgt der halbe Öffnungswinkel $\varphi_0/2$ des Diamantwerkzeugs 45° bei einer (100)-Spanfläche, so ist die seitliche Freifläche eine (110)-Ebene. Für den Fall eines halben Öffnungswinkels von 35° und einer (110)-Spanfläche besteht die seitliche Freifläche aus einer (111)-Ebene. Da die (111)-Ebene, wie im Stand der Technik aufgeführt, am ungünstigsten zu bearbeiten ist, lässt sich hieraus erklären, weswegen der Öffnungswinkel bei hochgenauen monokristallinen Diamantwerkzeugen mit einer (110)-Spanfläche auf 120° [VANH05] limitiert ist. Im komplexeren Fall eines Radius- oder Asphärenwerkzeugs ist eine geschlossene Freifläche vorhanden, die Kristallebenen ändern sich demzufolge kontinuierlich entlang des Radius oder der Asphäre.

Neben den Kristallflächen ist auch die Lage der weichen und harten Richtungen auf den Flächen wichtig für die Bearbeitung des Diamanten. Bezogen auf die Elementarzelle liegt die weiche Richtung in [100]-Richtung und die harte Richtung in [110]-Richtung. Daraus ergibt sich wie in Bild 4.1 dargestellt, dass die verschiedenen Richtungen auf allen Freiflächen identisch orientiert sind. Im Falle einer 100-Ebene als Spanfläche liegt die weiche Richtung orthogonal zur Schneidkante ($\varphi_1=\varphi_2=90°$). Analog zu den Gegebenheiten in der Elementarzelle liegt die weiche Richtung bei einer (110)-Ebene als Spanfläche unter 45° zur Schneidkante ($\varphi_1=\varphi_2=45°$). Anhand der Lage des Oktaeders auf den Freiflächen kann dies nachvollzogen werden.

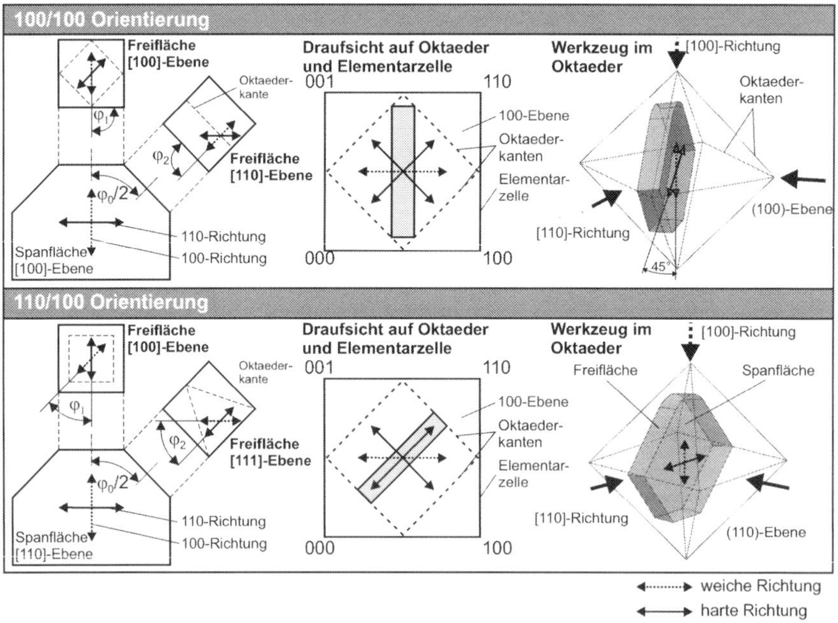

Bild 4.1: Ideale Schleifrichtungen auf der Freifläche

Ideal grinding directions on the clearance surface

Zur Erzielung eines hohen Abtrags, d. h. hoher Effizienz des Bearbeitungsprozesses, und einer hohen Bearbeitungsgenauigkeit, welche durch geringe Prozesskräfte begünstigt wird, sollte die Schnittrichtung entlang der weichen [100]-Richtung erfolgen. Damit der Schnittrichtungsvektor immer parallel zur weichen Richtung liegt, muss die Schnittrichtung für die Bearbeitung verschieden orientierter Werkzeuge angepasst werden können. Andernfalls würde dies bedeuten, dass entweder nur sehr wenig Abtrag mit einer hohen Prozesskraft oder sogar gar kein Abtrag erzielt wird (siehe hierzu auch Bild 2.9). Für die Bearbeitung monokristalliner Diamantwerkzeuge ist eine feste Einstellung der Schnittrichtung auf verschiedene Winkel ausreichend, da die optimale Schnittrichtung über die gesamte zu bearbeitende Freifläche konstant bleibt. Um das Maschinensystem möglichst universell einsetzen zu können und als Prüfstand für Prozessuntersuchungen nutzen zu können, ist jedoch auch eine kontinuierliche Änderung der Schnittrichtung anzustreben.

Bei der Wahl des Schleifverfahrens muss das anisotrope Verhalten von monokristallinen Diamanten ebenfalls berücksichtigt werden. Zur Fertigung einer definierten zweidimensionalen Kontur, welche die Schneide eines Diamantwerkzeugs beschreibt, eignen sich die beiden Verfahren Axialkonturschleifen AKS und Außenrundschleifen. Wie die Skizzen in Bild 4.2 darstellen, wird beim Außenrundschleifen die Kontur des Diamantwerkzeugs mit der Mantelfläche der Schleifscheibe bearbeitet. Die Mantelfläche trägt hierbei den Schleifbelag. Dieses Verfahren wird auf Grund seiner hohen Zerspanleistung und damit Produktivität sowie seiner großen Flexibilität bei der Fertigung von konventionellen Wendeschneidplatten aus Hartmetall oder CBN verwendet [EWAG11]. Im Gegensatz dazu wird die Kontur beim AKS mit der axialen Fläche, auf welcher sich hierbei der Schleifbelag befindet, erzeugt. Neben am Markt verfügbaren Diamantschleifmaschinen zur Bearbeitung von Werkzeugen, entspricht dieses Verfahren auch den Schleif- und Poliermaschinen, welche zum Schleifen von Schmuckdiamanten verwendet werden. Verglichen mit dem Außenrundschleifen weist das AKS einige Vorteile in Bezug auf die Bearbeitung von monokristallinen hochpräzisen Diamantwerkzeugen auf. Da zur Konturierung der Schneidengeometrie eine Einstellung der Schnittrichtung durchgeführt werden muss, muss diese durch eine geeignete Kinematik der Maschine realisiert werden. Der Schnittgeschwindigkeitsvektor steht beim Außenrundschleifen immer tangential zur Mantelfläche der Schleifscheibe, welche durch den Schleifbelag gebildet wird. Eine Änderung der Schleifrichtung lässt sich nur realisieren, indem die Schleifscheibe um eine Achse rotiert wird, die senkrecht zu ihrer Drehachse steht (Bild 4.2). Da das Diamantwerkzeug die Schleifscheibe auf deren gekrümmter Mantelfläche kontaktiert, entstehen beim Rotieren der Schleifscheibe um die C-Achse erhebliche Ungenauigkeiten bezüglich der Zustellung entlang der Z-Achse. Weiterhin erfordert dies einen hohen konstruktiven Aufwand, da die Schleifscheibe mit der Spindel um diese ungünstige Achse rotiert werden muss, was eine schwere und große C-Achse bedingt. Alternativ könnte auch das Werkzeug um die Z-Achse rotiert werden, was jedoch aus kinematischen Gründen für die Erzeugung der Werkzeugkontur nicht realisiert werden kann (siehe Kapitel 4.2 und 5.1).

Das Axialkonturschleifen bietet den Vorteil, dass ein Schleifrichtungswechsel realisiert werden kann, indem die Schleifscheibe um eine Achse rotiert wird, welche parallel zu ihrer Drehachse steht. Dadurch befindet sich der Schleifbelag immer in einer konstanten Ebene zum Diamantwerkzeug, welches die Genauigkeit der Bearbeitung signifikant verbessert. Dies vereinfacht zudem das Abrichten der Schleifscheibe. Wesentlich ist weiterhin, dass zur Erzielung höchster Genauigkeiten, luftgelagerte Spindeln eingesetzt werden. Der axiale Planlauf dieser Spindeln ist besser als der radiale Rundlauf. Folglich lassen sich mit einem Schleifverfahren, welches die axiale Seite der Schleifscheibe nutzt, höhere Genauigkeiten erzielen. Auch muss die Schleifscheibe mit der gesamten Spindel nicht um eine ungünstige Achse rotiert werden, wodurch eine einfachere Konstruktion möglich wird. Aus diesen Gründen wird das AKS-Verfahren für die weiteren Betrachtungen zu Grunde gelegt. Hieraus ergibt sich, dass eine Schleifscheibe mit axialem Schleifbelag, ähnlich einer Topfschleifscheibe, verwendet werden muss.

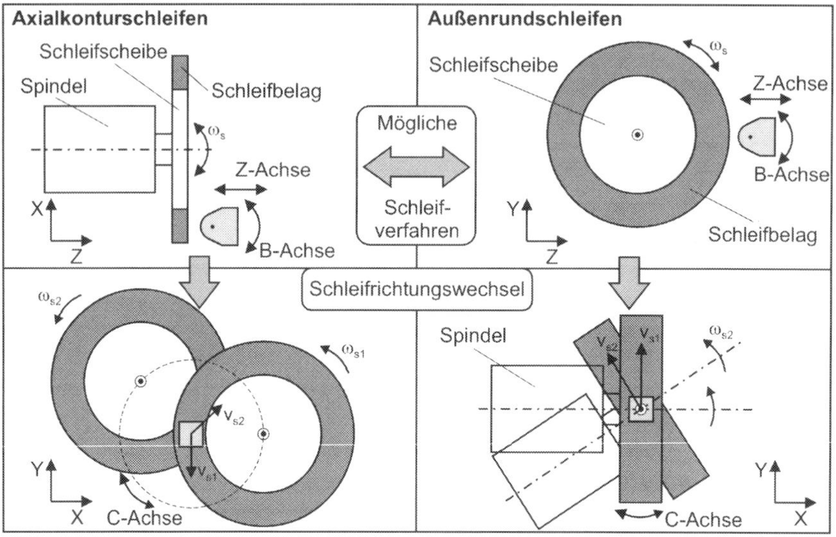

Bild 4.2: Schleifverfahren und Schleifrichtungswechsel

Grinding processes and change of grinding direction

Wie in Bild 4.3 skizziert, kann durch eine Änderung der relativen Orientierung zwischen der Freifläche des Diamantwerkzeugs und dem Schnittrichtungsvektor eine Bearbeitung in Richtung der weichen Kristallrichtung erfolgen. Die Änderung der Schnittrichtung kann entweder durch eine Drehung des Diamantwerkzeugs relativ zur Schleifscheibe, oder eine Drehung der Schleifscheibe relativ zum Diamantwerkzeug erfolgen. Sowohl bei der 100/100-Orientierung als auch bei der 110/100-Orientierung ist die optimale Schnittrichtung konstant über der gesamten Kontur. Dies wird in Bild 4.3 durch den Winkel γ ausgedrückt, da sich lediglich auf Grund der Darstellung eine Drehung zwischen den Verhältnissen an den Freiflächen ergibt. Bei der Verwendung einer Schleifscheibe mit axialem Schleifbelag kann die Einstellung der Schnittrichtung über eine Drehung um die Achse der Schleifspindel, welche nach Definition die Z-Richtung ist und damit eine C-Achse darstellt, realisiert werden. Dies ist ein weiterer Vorteil der Verwendung einer Scheibe mit Schleifbelag auf der axialen Fläche, da zum einen die gleiche Funktion auf Seiten des Diamantwerkzeugs oder auf der Seite der Schleifscheibe umgesetzt werden kann. Zum anderen ist eine Drehung um eine Achse, welche parallel zur Achse der Schleifspindel ist, einfacher und damit genauer umzusetzen. Diese Drehung sollte kontinuierlich oder positionsabhängig durchgeführt werden können, um alle Werkzeugorientierungen bearbeiten zu können und Prozessuntersuchungen zu ermöglichen.

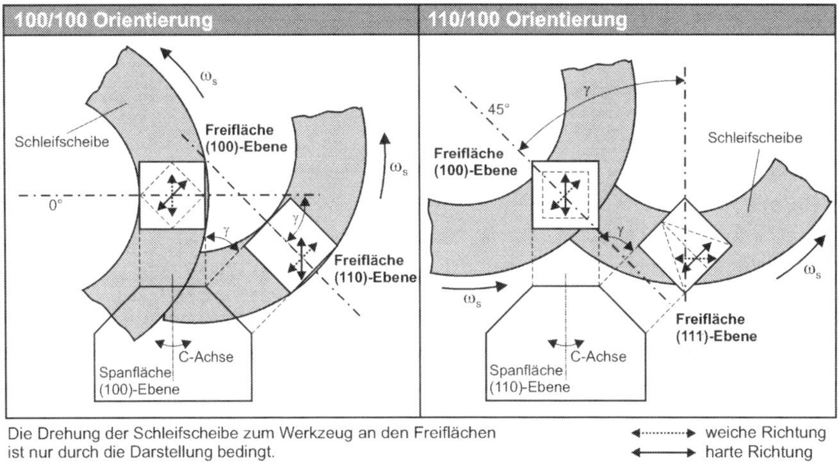

Bild 4.3: Relative Orientierung des Werkzeugs zur Schleifscheibe

Relative orientation of the tool to the grinding wheel

Ein weiterer materialbedingter Faktor ist, dass sich Diamant nur mit Diamant unter der beschriebenen Berücksichtigung der Schnittrichtung bearbeiten lässt. Dies hat zur Folge, dass der Verschleiß der Schleifscheibe nicht zu vernachlässigen ist. Auf Grund der Tatsache, dass der Schleifbelag zur vollständigen Überdeckung des Werkzeugs breiter ist als dieses, ist bei der Bearbeitung nicht der gesamte Schleifbelag in Kontakt mit dem Diamantwerkzeug. Um eine höhere Bearbeitungsgenauigkeit zu erreichen, muss der Verschleiß gleichmäßig über die gesamte Breite des Schleifbelags erfolgen. Dies kann durch eine Oszillation in Richtung der Breite des Schleifbelags realisiert werden. Definitionsgemäß ist dies eine X-Achse.

Die Bearbeitung der Spanfläche eines Diamantwerkzeugs wird durch ein Läppverfahren durchgeführt. Hierbei ist das Abrasivmittel nicht fest in der Schleifscheibe gebunden, sondern lose in einer Suspension, welche auf die Läppscheibe aufgetragen wird. Folglich unterscheiden sich die Bearbeitungsscheiben erheblich, so dass das Maschinensystem zur Realisierung beider Bearbeitungsprozesse über zwei verschiedene Bearbeitungsscheiben verfügen muss. Im Gegensatz zum Schleifen der Kontur des Diamantwerkzeugs ist die weiche Richtung bei den beiden in Bild 4.1 rechts gezeigten üblichen Werkzeugorientierungen beim Läppen der Spanfläche immer konstant. Daher kann beim Läppen der Spanfläche auf eine einstellbare Änderung der Schleifrichtung verzichtet werden. Um jedoch andere Werkzeugorientierungen bearbeiten zu können, wie sie beispielsweise von ZONG [ZONG09] beschrieben wurden, sollte auch bei der Läppbearbeitung die Schnittrichtung variabel einstellbar sein. Insbesondere, da das hier betrachtete Maschinensystem auch als Basis für Prozessuntersuchungen dienen soll.

Eine weitere Besonderheit des Materials Diamant ist, dass der Abtrag bei der zerspanenden Bearbeitung neben der kristallinen Orientierung auch von der Prozessnormalkraft abhängt. Die Kräfte, insbesondere bei der Endbearbeitung der Kontur und beim Läppen, liegen im einstelligen Newtonbereich. Um eine optimale Prozessführung zu erreichen, sollte das Maschinensystem über eine entsprechende Kraftsensorik verfügen, welche diese geringen Kräfte aufnehmen kann. Obwohl die Normalkraft für den Abtrag relevant ist, sollte das Maschinensystem die Kräfte in allen drei Raumrichtungen aufnehmen können, damit umfangreiche Prozessuntersuchungen mit dem Maschinensystem durchgeführt werden können. Dies berücksichtigt auch die Tatsache, dass bisher keine Diamantbearbeitungsmaschine zur Konturierung von hochpräzisen monokristallinen Diamantwerkzeugen vorhanden ist, welche über eine integrierte Kraftsensorik in allen drei Raumrichtungen verfügt.

Neben dem Erfassen der Prozesskräfte kann der Schleif- als auch der Läppprozess mittels Körperschallsensorik überwacht und optimiert werden. Schallschwingungen werden auch in Festkörpern übertragen. Diese durch den Bearbeitungsprozess induzierten Schwingungen können mit speziellen Beschleunigungsaufnehmern, welche auf hochfrequente Schwingungen optimiert sind, detektiert werden. Aus diesen Schwingungen lassen sich Informationen bezüglich des Bearbeitungsprozesses herausfiltern. Beispielsweise kann beim konventionellen Schleifen die Entstehung von Schleifbrand erfasst werden [SOBO10]. Zusätzliche Informationen lassen sich ermitteln, wenn die Achspositionen der Maschine synchron zum Körperschallsignal aufgezeichnet werden. In diesem Fall kann das Signal und damit die Information einem Ort auf dem Werkstück zugeordnet werden [BREC13]. Diese Vorgehensweise kann auch für die Kraftsensorik angewendet werden. Vor dem Hintergrund eines universellen Maschinensystems zur Bearbeitung von Diamantwerkzeugen und der umfangreichen Untersuchung dieses Prozesses, ist der Einsatz von Körperschallsensorik ein sinnvolles Hilfsmittel.

Zusammenfassend lassen sich folgende Anforderungen bezüglich des zu bearbeitenden Materials aufführen:

- Realisierung eines Schleifrichtungswechsels durch Drehung um die C-Achse, welcher positionsgeregelt eingestellt werden kann oder kontinuierlich erfolgt.
- Oszillation in Richtung der Schleifbelagbreite entlang der X-Achse zur Erzeugung eines gleichmäßigen Verschleißes auf der Schleifscheibe.
- Kraftsensorik in allen drei Raumrichtungen zur Überwachung und Regelung des Schleifprozesses.
- Körperschallsensorik am Kontaktpunkt zwischen Bearbeitungsscheibe und Diamantwerkzeug und Aufzeichnen der zugehörigen Achspositionen.
- Einstellbare Schnittrichtung für die Läppbearbeitung

4.2 Anforderungen resultierend aus den Werkzeuggeometrien

Requirements due to the tool geometries

Neben den Anforderungen, welche sich aus dem zu bearbeitenden Material ergeben, stellen die zu fertigenden Geometrien der Diamantwerkzeuge Anforderungen an die Achskinematik des Maschinensystems. Wie die Geometrie konventioneller Werkzeuge mit geometrisch bestimmter Schneide wird die Geometrie von Diamantwerkzeugen gemäß der Norm DIN 66 217 [DIN75] definiert, wobei sich die in Bild 2.3 aufgeführten Spezifikationen ergeben. Die Schneidkante bestimmt sich hierbei durch den Spitzenwinkel und dem davon abhängigem Lateralwinkel sowie dem Eckenradius. Der Öffnungswinkel gibt den Bereich des Eckenradius an, welcher den im Eingriff befindlichen Teil der Schneidkante darstellt. Weiterhin verfügen Diamantwerkzeuge über einen Freiwinkel durch den sichergestellt wird, dass nur die Schneidkante in Kontakt zum Werkstück tritt. Der Spanwinkel, welcher in der gleichen Ebene zu messen ist wie der Freiwinkel, dient zum Anpassen des Werkzeugs an verschiedene zu zerspanende Materialien und Prozessbedingungen. Schließlich kann an einem Diamantwerkzeug noch der Schneidkantenradius am Übergang der Spanfläche zur Freifläche definiert werden, welcher sich jedoch bei der Läppbearbeitung der Spanfläche automatisch einstellt und daher nicht definiert gefertigt werden kann. Üblicherweise hat der Schneidkantenradius eine Größe zwischen 30 und 50 nm [ZONG08]. [BREC11]

Da mit dem Maschinensystem alle oben genannten Geometrieelemente des Diamantwerkzeugs, außer dem Schneidkantenradius, gefertigt werden sollen, muss die Achskinematik diese Freiheitsgrade aufweisen. Bild 4.4 fasst die jeweiligen Geometrieelemente und die daraus abgeleitete Achse des Maschinensystems zusammen. Da der Freiwinkel und der Spanwinkel in einer Ebene liegen und deren Ursprung, also die entsprechende Rotationsachse, identisch sind, können diese mit einer Achse eingestellt werden. Bezogen auf das in Bild 2.3 angegebene Koordinatensystem ist dies eine Drehung um die X-Achse und damit gemäß der Norm DIN 66 217 [DIN75] für die Achsbeschriftung in Werkzeugmaschinen eine A-Achse. Analog dazu befinden sich der Spitzenwinkel, der Lateralwinkel und der Öffnungswinkel in einer Ebene und weisen eine gemeinsame Drehachse entlang der Y-Achse auf, wodurch sie mit Hilfe einer B-Achse definiert werden können. Um den Eckenradius zu fertigen, muss der Abstand zwischen dem Mittelpunkt der B-Achse und der Schleifscheibe eingestellt werden. Je kleiner dieser Abstand ist, desto kleiner ist auch der resultierende Eckenradius auf dem Diamantwerkzeug. Diese Zustellbewegung erfolgt in axialer Richtung zur Schleifscheibe und damit zur Hauptspindel, so dass die entsprechende Achse eine Z-Achse ist. [BREC11]

Wesentliches Ziel bei der Entwicklung der Maschine ist die Befähigung zur Herstellung asphärischer Diamantwerkzeuge. Die Schneidkante befindet sich hierbei in einer Ebene, so dass der entsprechende Prozess zur Generierung der Schneidkante ein zweidimensionaler Prozess ist. Mathematisch lässt sich nun jeder Punkt der Schneidkante durch zwei Koordinaten, in diesem Fall X und Z beschreiben. Weiterhin begrenzt die Schneidkante die Spanfläche, deren mathematisch vollständige Beschreibung in der X-Z-Ebene erst durch die Angabe eines Orientierungswinkels gegeben ist. Zudem muss berücksichtigt werden, dass die Kontur der Schneidkante an einer flächigen Schleifscheibe erzeugt wird. Aus diesen Gründen ergibt sich die Notwendigkeit einer weiteren Achse, welche die unabhängige Einstellung der drei Flächenfreiheitsgrade (x, z und β) erlaubt. In dem hier betrachteten Fall ist diese Achse bei einer Winkelstellung der B-Achse von $\beta = 0°$ redundant zur Z-Achse, weswegen sie als Z'-Achse bezeichnet wird. Alternativ könnte eine asphärische Werkzeugkontur auch ohne eine zusätzliche Z'-Achse, welche in der kinematischen Kette nach der B-Achse angeordnet ist, durch eine von der B-Achse winkelabhängige Zustellung der Z-Achse gefertigt werden. In diesem Fall ist jedoch eine Positionierung der Z-Achse deutlich komplexer und damit fehleranfälliger, da die Zustellung nicht entlang der Werkzeugachse erfolgt. Wenn eine Zustellung im relativen Werkzeugkoordinatensystem über eine Z'-Achse erfolgt, dann ist die Zustellung einfach über die Differenz zwischen einer Kreisform und der entsprechenden Abweichung zur Erzeugung einer nicht-kreisförmigen Kontur, beispielsweise einer Asphäre, zu ermitteln. In besonderem Maße gilt dies, wenn eine A-Achse in der kinematischen Kette zwischen Z-Achse und Werkzeug liegt. Mit einer Z'-Achse kann der Abstand zwischen Schleifscheibe und Drehmittelpunkt der B-Achse bei einer dann möglichen festen Position der Z-Achse konstant gehalten werden, so dass eine Nacharbeit der Kontur ohne eine Veränderung der Werkzeuggeometrie durchgeführt werden kann (siehe Details hierzu in Kapitel 7.2 und 7.4). [BREC11]

Zur Bearbeitung der Spanfläche muss schließlich eine Zustellung senkrecht zur Spanfläche ermöglicht werden. Gemäß der Definition ist dies eine Y-Achse. Mit Hilfe dieser fünf Achsen kann jedes Geometrieelement eines Diamantwerkzeugs unabhängig von den anderen Geometrieelementen eingestellt und verändert werden. [BREC11]

Die im vorhergehenden Kapitel 4.1 angegebenen Anforderungen, welche sich auf Grund des zu bearbeitenden Materials ergeben, finden ihre Berücksichtigung in zwei weiteren Achsen. Ein kontinuierlicher Schleifrichtungswechsel kann durch eine exzentrische Rotation der Hauptspindel und damit der Schleifscheibe realisiert werden. Da auf der axialen Fläche der Schleifscheibe bearbeitet wird, muss das Werkstück, in diesem Fall das Diamantwerkzeug, mit einem Versatz zur Mittelachse der Schleifscheibe in Kontakt zur Scheibe treten, damit die notwendige Schnittgeschwindigkeit erreicht wird. Rotiert die Mittelachse der Schleifscheibe mit diesem Exzenterversatz um diesen Eingriffspunkt, dann ändert sich der Vektor der Schnittgeschwindigkeit v_S wie in Bild 4.4 dargestellt. Eine solche Rotation kann mit einer C-Achse realisiert werden, welche die Schleifspindel mit der Schleifscheibe trägt. Prozessseitig ist die Verwendung einer X-Achse notwendig, damit das zu bearbeitende Diamantwerkzeug die gesamte Belagbreite der Schleifscheibe ausnutzt. Dies führt zu einem gleichmäßigen Verschleiß an der Schleifscheibe, so dass die Schleifscheibe immer eben zur X-Achse ist. Unebenheiten entlang der X-Achse ergeben wechselnde und unkontrollierbare Zustellungen in Z-Richtung und haben dadurch einen signifikanten Einfluss auf die Güte der zu fertigenden Geometrie. [BREC11]

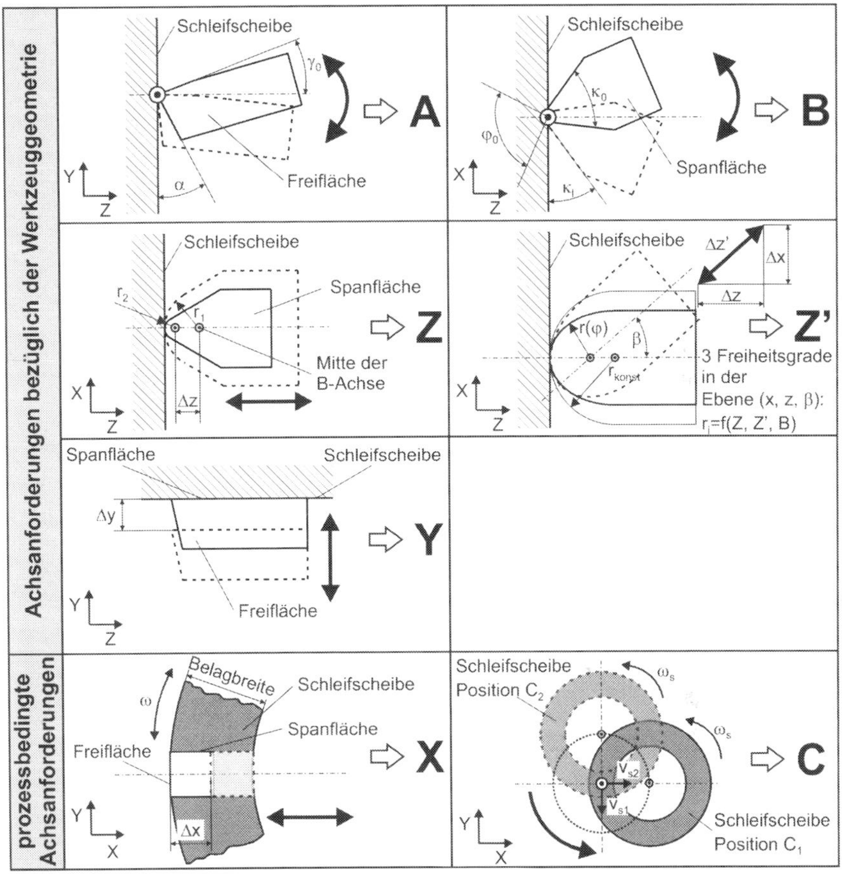

Bild 4.4: **Freiheitsgrade und daraus abgeleitete Maschinenachsen [BREC11]**

Degrees of freedom and deducted machine axes

Die Verfahrwege für die einzelnen Achsen der Maschine ergeben sich aus den vorgegebenen und definierten Werkzeuggeometrien der Diamantwerkzeuge. Für die entwickelte Diamantschleifmaschine sind die Werkzeuggeometrien in Tabelle 4.1 aufgelistet. Zum einen wurden klassische Werkzeuggeometrien wie das V-Formwerkzeug und das Facettenwerkzeug definiert, um einen direkten Vergleich der erzielbaren Fertigungsgenauigkeit mit dem neuen Maschinensystem mit den Fertigungsgenauigkeiten am Markt verfügbarer Maschinen zu ermöglichen. Der Fokus liegt jedoch auf der Herstellung asphärischer und freiförmiger Werkzeuggeometrien wie sie die rechten beiden Werkzeuge in Tabelle 4.1 darstellen. [BREC11]

Tabelle 4.1: Anforderungen an die Werkzeuggeometrien [BREC11]

Requirements of the tool geometries

Schneidengeometrie	V-Form-werkzeug	Facetten-werkzeug	Asphären-werkzeug	Freiform-werkzeug
Skizze 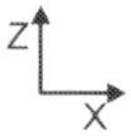	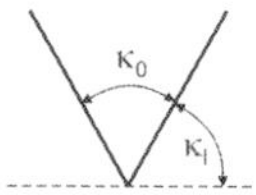	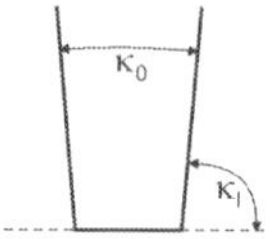	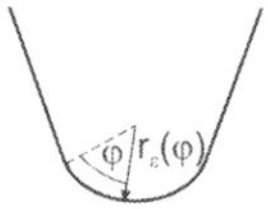	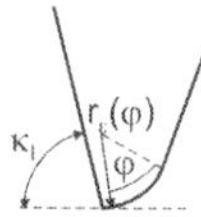
Freiwinkel α_0	5°	12°	5°	20°
Spanwinkel γ_0	0°	-20°	0°	0°
Öffnungswinkel φ_0	-	-	120°	80° / 90°
Spitzenwinkel κ_0	60°	10°	-	-
Lateralwinkel κ_l	60°	85°	-	85° / 90°
Winkeltoleranz $\delta\gamma/\delta\kappa_l$	±2' / ±5''	±2' / ±5''	±2'	±2' / ±5''
Schneidkantenradius r_β	50 nm	50 nm	50 nm	50 nm
Eckenradius r_ε	4 µm	4 µm (2x)	max 500 µm	max 500 µm
Schneidkantenwelligkeit	50 nm	50 nm	50 nm	50 nm

Bezogen auf die in Bild 4.4 abgeleiteten Achsen und die Anforderungen an die Werkzeuggeometrien ergeben sich die folgenden Verfahrwege für die jeweiligen Maschinenachsen, um die Werkzeuggeometrien erzeugen zu können. Es ist zu beachten, dass die Verfahrwege größer als erforderlich ausgelegt sind, um eine höhere Flexibilität des Maschinensystems zu erreichen [BREC11]:

- X-Achse: > 40 mm, abhängig von der Belagbreite der Schleifscheibe
- Y-Achse: > 2 mm
- Z-Achse: > 5 mm, zur Herstellung von Radiuswerkzeugen mit r_ε = 5 mm
- Z'-Achse: 5 mm
- A-Achse: 20° oder ±20°, abhängig vom Maschinenkonzept
- B-Achse: ±90°
- C-Achse: 360°, endlos

Aus den Anforderungen an die Werkzeuggeometrien ergeben sich zudem die Positionier- und Verfahrgenauigkeiten für jede Richtung. Die Positioniergenauigkeit beschreibt, wie genau in der jeweiligen Richtung eine vorgegebene Sollposition angefahren werden kann. Verfahrgenauigkeiten geben an, wie groß die Abweichungen der Richtung senkrecht zur Verfahrrichtung sind. Bei linearen Verfahrbewegungen sind dies Geradheitsabweichungen und bei rotativen Bewegungen Plan- und Rundlaufabweichungen. Für die Funktion und Genauigkeit eines Diamantwerkzeugs haben die einzelnen Geometrieelemente unterschiedliche Bedeutungen. Daher kann sowohl bezüglich der Positioniergenauigkeit als auch der jeweiligen Verfahrgenauigkeiten zwischen sensitiven und nicht sensitiven Richtungen unterschieden werden. Sensitiv bedeutet, dass die entsprechende Genauigkeit direkten Einfluss auf die am Diamantwerkzeug zu erzeugende Geometrie hat. Die sensitiven Richtungen bei der Bearbeitung der Diamantwerkzeuge sind die Y- und Z-Richtungen. Bezüglich der Positioniergenauigkeit sind demnach die Y-, Z-, Z'- und B-Achse sensitiv. Mit der Y-Achse wird die Spanfläche des Diamantwerkzeugs bearbeitet, welche als finaler Bearbeitungsschritt hochgenau durchgeführt werden muss. Gleiches gilt für die Z- und Z'-Achse, mit denen der Radius oder die Kontur des Diamantwerkzeugs definiert wird. Schließlich wird der Öffnungswinkel des Radius der Kontur oder der Facettenwinkel über die B-Achse eingestellt, weswegen diese ebenfalls eine hohe Positioniergenauigkeit aufweisen muss. Im Gegensatz dazu sind die Positioniergenauigkeiten der übrigen Achsen nicht sensitiv. Mit der X- und C-Achse wird kein Geometrieelement des Diamantwerkzeugs beeinflusst, da diese Achsen zur Umsetzung der materialbedingten Anforderungen benötigt werden. Die A-Achse bestimmt den Frei- und Spanwinkel des Diamantwerkzeugs. Deren Genauigkeiten sind jedoch gering, da diese Geometrieelemente lediglich dazu notwendig sind, um entweder eine Kollision zwischen Diamantwerkzeug und Werkstück zu vermeiden oder das Werkzeug auf verschiedene zu zerspanende Materialien einzustellen. Folglich kann die A-Achse eine geringere Positioniergenauigkeit aufweisen (Tabelle 4.2). Die Positioniergenauigkeiten der Achsen werden im Wesentlichen vom Messsystem, dem Antrieb und der verwendeten Steuerung mit den Servoreglern bestimmt.

Für die Abweichungen senkrecht zur Verfahrrichtung der jeweiligen Richtung, welche hauptsächlich durch die Lagerung der entsprechenden Achsen bestimmt werden, sind die Werte für die Geradheit, den Planlauf und den Rundlauf in Tabelle 4.2 aufgeführt. Die Werte wurden zum einen auf Basis der Genauigkeiten verfügbarer Diamantwerkzeuge festgelegt, zum anderen wurden die Genauigkeiten der mit den Diamantwerkzeugen zu fertigenden optischen Elemente zugrunde gelegt. Anzumerken ist, dass die Werte bezogen auf die Richtungen der gesamten Kinematik angegeben sind, da sich eine Übertragung auf die einzelnen Maschinenachsen erst nach der Festlegung der kinematischen Kette des Maschinensystems durchführen lässt. Auf Grund der Kinematik, die sich aus der Geometrie der Diamantwerkzeuge ableiten lässt, ergeben sich von der Positioniergenauigkeit abweichende sensitive Richtungen. Die Geradheit in X-Richtung wirkt in Z-Richtung, weswegen diese trotz der geringen Positioniergenauigkeit von 10 µm einen Wert von 0,1 µm aufweisen muss. Ebenso gilt dies für die C-Achse. Deren Positioniergenauigkeit hat keinen Einfluss auf ein Geometrieelement des Diamantwerkzeugs, wohingegen der Planlauf einem Fehler in Z-Richtung entspricht und daher eine hohe Genauigkeit aufweisen muss. Der Rundlauffehler der C-Achse tritt demgegenüber in X-Richtung auf, und kann daher vernachlässigt werden. Im Gegensatz dazu ist der Rundlauf der B-Achse besonders wichtig, da dieser direkten Einfluss auf die Konturwelligkeit der Schneidkante des Diamantwerkzeugs hat. In Kombination mit der hohen erforderlichen Positioniergenauigkeit der B-Achse ergeben sich die höchsten Anforderungen für diese Achse.

Dies gilt auch für die zwei sensitiven Linearrichtungen Y und Z, welche ebenfalls eine hohe Positioniergenauigkeit kombiniert mit einer hohen Verfahrgenauigkeit aufweisen müssen.

Tabelle 4.2: Anforderungen an die Genauigkeiten für die Maschinenkinematik

Accuracy requirements of the machine kinematics

Genauigkeit	Positionier-genauigkeit	Geradheit	Planlauf	Rundlauf
X - Richtung	10 µm	0,1 µm	-	-
Y - Richtung	0,05 µm	0,2 µm	-	-
Z - Richtung	0,05 µm	0,1 µm	-	-
A - Achse	+/- 2'	-	1 µm	0,1 µm
B - Achse	+/- 2"	-	0,05 µm	0,05 µm
C - Achse	+/- 2'	-	0,1 µm	1 µm

Alle in Tabelle 4.2 angegebenen Verfahrgenauigkeiten beziehen sich auf den oben genannten Verfahrbereich der entsprechenden Richtungen. Obwohl die Verfahrgenauigkeiten sehr hoch sind, ergeben sich hieraus teilweise geringe Anforderungen an die Lagerung wenn nur ein kleiner Verfahrbereich abgedeckt werden muss. Zum Beispiel benötigt die Y-Richtung hohe Genauigkeiten, welche sich jedoch nur auf einen Verfahrbereich von 2 mm erstrecken.

Insgesamt ergibt sich aus den Anforderungen bezüglich der Werkzeuggeometrie ein Maschinensystem mit sieben Achsen, davon vier Linearachsen und drei Rotationsachsen. Die C-Achse kann jedoch auch als Spindel betrachtet werden, so dass das Maschinensystem über eine Hauptspindel mit der Schleifscheibe und eine Exzenterspindel zur Realisierung der C-Achse verfügen muss. Zudem muss bei der Konzeption einer Maschine zur Bearbeitung von Diamantwerkzeugen berücksichtigt werden, dass sich die Prozesse zur Konturierung der Schneidkante und zum Läppen der Spanfläche unterscheiden. Demzufolge erfordern diese Prozesse verschiedene Bedingungen hinsichtlich der Achskinematik.

5 Konzeption und Konstruktion der Maschine

Concept development and design of the machine

Basierend auf den abgeleiteten Anforderungen werden in diesem Kapitel zunächst Konzepte für eine Diamantbearbeitungsmaschine erarbeitet. Auf Grund der Vielzahl der Achsen ergibt sich eine große Anzahl an möglichen Achskonfigurationen für die Diamantbearbeitungsmaschine. In Kombination mit weiteren kinematischen Randbedingungen können die bestmöglichen Maschinenkonzepte ausgewählt werden. Das übergeordnete Ziel hierbei ist es, ein Maschinensystem zu erhalten, welches trotz der notwendigen kinematischen Freiheiten eine hohe Arbeitsgenauigkeit erzielt. Mit Hilfe einer systematischen Analyse kann dies erreicht werden. Nach einer Bewertung wird das gewählte Konzept konstruktiv umgesetzt. Bei der Konstruktion werden wichtige Baugruppen der Maschine mit Hinblick auf resultierende Bearbeitungsfehler ausgelegt und optimiert. Dieses Kapitel beinhaltet auch den Aufbau und die Inbetriebnahme der Maschine, welche sowohl die Konturierung über ein Schleifverfahren als auch die Läppbearbeitung der Werkzeugspanfläche in einer Aufspannung durchführen kann. Wie schon in Kapitel 2.3 erläutert wurde, werden für das Schleifen der Kontur und das Läppen der Spanfläche des Diamantwerkzeugs verschiedene Bearbeitungsscheiben verwandt. Da das Schleifen ein Verfahren mit gebundenem Korn in der Scheibe ist und das Läppen ein Verfahren mit losem Korn auf der Scheibe [KLOC05], muss dies bei der Konzeption der Maschine besonders berücksichtigt werden.

5.1 Konzeption eines flexiblen Maschinensystems

Concept development for a flexible machining system

Das Maschinensystem zur vollständigen Endbearbeitung von Diamantwerkzeugen benötigt zur Herstellung aller Geometrieelemente und zur Abbildung der materialbedingten Anforderungen sieben Achsen, welche sich in vier Linearachsen und drei Rundachsen aufteilen. Jeder dieser Achsen ist eine bestimmte Funktion zugeordnet. Bei der weiteren Konzeptionierung muss der geeignete Gesamtaufbau des Maschinensystems systematisch ermittelt werden. Die Funktionsfähigkeit, Leistungsfähigkeit und Genauigkeit des Maschinensystems wird neben den Eigenschaften der einzelnen Achsen von der Konfiguration der Achsen zueinander bestimmt. Da sich aus verschiedenen Gründen nicht jede Kombination realisieren lässt, muss dies systematisch untersucht werden. Weiterhin müssen zusätzliche Anforderungen berücksichtigt werden, die weitere Achskombinationen ausschließen.

Besonders bei der Entwicklung von Präzisions- und Ultrapräzisionsmaschinen, zu denen die Diamantbearbeitungsmaschine zählt, ist diese Konzeptphase wichtig. Die grundlegenden Konstruktionsmerkmale dieser Maschinen sind in ihrer umzusetzenden Reihenfolge [LUO05, SLOC92]:

- Strukturelle Konfiguration (Achskombination)

- Strukturelle Verbindungen (Lagerungen)
- Steifigkeit und Dämpfung

Nach der Ermittlung geeigneter Achskombinationen oder Maschinenkonzepten, werden diese bezüglich der strukturellen Verbindungen und hinsichtlich erzielbarer Steifigkeiten und Dämpfung untersucht.

Basierend auf den Betrachtungen aus Kapitel 4.1 kann ein geeigneter Schleifrichtungswechsel realisiert werden, indem eine Rotation um die Z-Achse, definitionsgemäß eine C-Achse, in das Maschinensystem integriert wird. Eine solche Rotation kann auf drei verschiedene Arten umgesetzt werden. Zum einen besteht die Möglichkeit, das Diamantwerkzeug um dessen Schaftachse zu rotieren, da diese entlang der Z-Achse ausgerichtet ist. Jedoch gilt dies nur für den Fall, wenn die Schaftachse parallel zur Spindelachse ausgerichtet ist. Auf Grund der Kinematik zur Fertigung der Schneidenkontur ändert sich diese Ausrichtung, damit beispielsweise der Öffnungswinkel des Radius oder ein Facettenwinkel gefertigt wird. Daher kann dieses Konzept nicht verwendet werden. Die beiden anderen möglichen Konzepte zur Integration einer C-Achs-Funktion auf der Spindelseite sind in Bild 5.1 skizziert. Da zur Erzielung einer höheren Bearbeitungsgenauigkeit ein Axialkonturschleifverfahren verwendet wird, muss die hierzu notwendige Topfschleifscheibe zum Schleifrichtungswechsel auf einer Exzenterbahn geführt werden. In diesem Fall hängt die Schleifrichtung vom Exzenterwinkel Θ ab. Durch die Verwendung von zwei Linearachsen X und Y kann die Spindel mit der Schleifscheibe über einen Kreuztisch auf einer Exzenterbahn geführt werden. Die Vorteile dieses Konzepts bestehen zum einen darin, dass der Exzenterradius r_{ex} anhand der Achsen X und Y variiert werden kann. Zum anderen können beide Linearachsen dazu verwendet werden, eine Oszillation zur gleichmäßigen Überdeckung des Schleifbelags umzusetzen. Ein wesentlicher Nachteil ist jedoch, dass ein kontinuierlicher Schleifrichtungswechsel nur durch ein synchrones Verfahren der Linearachsen realisiert werden kann, da die Schleifrichtung wie in Bild 5.1 dargestellt, von beiden Achsen abhängt. Zur Erzeugung einer Kreisbahn müssen beide Achsen periodisch beschleunigt und abgebremst werden, was unter Berücksichtigung der Spindelmasse Ungenauigkeiten im Prozess zur Folge hat.

Dieser Nachteil ist beim Konzept Exzenterspindel nicht vorhanden. Mit Hilfe einer Exzenterspindel/C-Achse wird die Schleifspindel auf der Exzenterbahn geführt. Da der Exzenterwinkel dem Drehwinkel der C-Achse entspricht, kann ein gleichmäßiger und kontinuierlicher Schleifrichtungswechsel umgesetzt werden, welcher durch die Drehzahl ω_{ex} bestimmt wird. Prinzipbedingt können die Ungenauigkeiten, welche durch das Beschleunigen der Massen beim Konzept Kreuztisch hervorgerufen werden, auf ein Minimum reduziert werden, indem die C-Achse mit der montierten Schleifspindel ausgewuchtet wird. Zudem ist der Planlauf einer Rundachse signifikant besser als der resultierende Fehler in Z-Richtung bei zwei gestapelten Linearachsen, was eine bessere Führung der Schleifscheibe in der X-Y-Ebene ergibt. Einziger Nachteil dieses Konzepts ist der nicht variabel einstellbare Exzenterradius. Bei beiden Konzepten lässt sich auch eine feste Schleifrichtung einstellen. Da mit dem

Maschinensystem hochgenaue Diamantwerkzeuge gefertigt werden sollen, wurde das Konzept Exzenterspindel auf Grund der erzielbaren Genauigkeit gewählt, welches auch schon bei der Diamantbearbeitungsmaschine der Firma Coborn [COBO12a] eingesetzt wird. Um jedoch eine höhere Genauigkeit zu erreichen, wird für die Lagerung der C-Achse eine Luftlagerung eingesetzt. Weiterhin wird die C-Achse als NC-Achse ausgeführt, so dass die Position durch die Maschinensteuerung im Prozess angepasst werden kann.

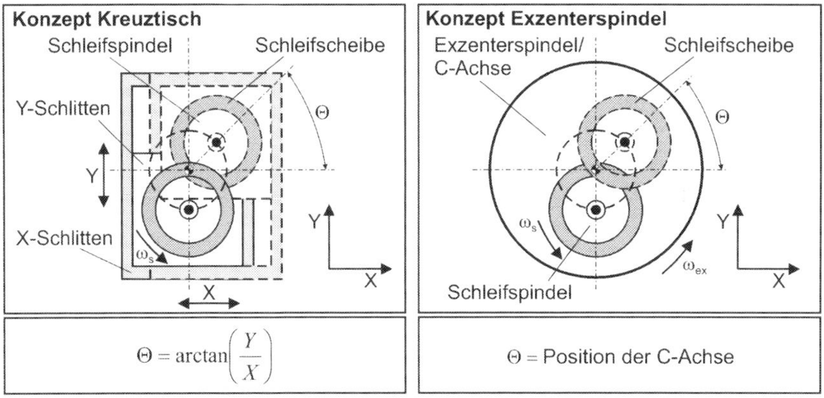

Bild 5.1: Konzepte für den Schleifrichtungswechsel

Concepts for the change of grinding direction

Zur weiteren Konzeption der Maschine wurde die Exzenterkinematik zur Realisierung des kontinuierlichen Schleifrichtungswechsels gewählt. Dadurch ergibt sich ein Maschinensystem mit n = 7 Achsen. Die Verwendung einer parallelkinematischen Maschinenstruktur wurde aus Gründen der notwendigen Verfahrwege einzelner Achsen ausgeschlossen, so dass eine serielle Maschinenkinematik weiterverfolgt wurde. Damit ergibt sich gemäß Gleichung 5.1 die Anzahl der möglichen Achskombinationen m = 5.040. [BREC11]

$$m = n! \tag{5.1}$$

Zusätzlich kann eine Unterscheidung getroffen werden, ob die Achsen auf der Schleifscheibenseite oder der Diamantwerkzeugseite angeordnet werden. Folglich können gemäß den Gleichungen 5.2 und 5.3 insgesamt 40.320 Achskonzepte zur Erfüllung der Aufgabenstellung entwickelt werden. Hierin ist n! die Stapelung der Achsen untereinander und p die Aufteilung der Achsen auf die jeweilige Seite. [BREC11]

$$p = n + 1 \tag{5.2}$$

$$m_{ges} = pn! \tag{5.3}$$

Mit der Berücksichtigung weiterer Restriktionen kann die Anzahl der möglichen Achskonzepte reduziert werden. Die Berechnung der sich dann ergebenden Achskonfigurationen kann mit den Gleichungen 5.2 und 5.3 durchgeführt werden, sofern die Position und Seite einer Achse infolge einer Restriktion durch p und n angegeben werden kann. Daher empfiehlt es sich zunächst mit den entsprechenden Restriktionen zu beginnen. Für die Diamantschleif- und –läppmaschine wurden folgende Restriktionen abgeleitet. [BREC11]

- Da die Z'-Achse hochsensitiv auf die Schneidengenauigkeit wirkt und bei der Asphärenkonturierung bewegt wird, sollten keine Achsen zwischen dieser und dem Diamantwerkzeug angeordnet werden. Achskombinationen (n = 6, p = 7): 40.320 – 35.280 = 5.040
- Die C-Achse wird zur Anisotropiekompensation verwendet und muss daher auf der Seite der Schleifscheibe direkt vor dieser angeordnet werden. Achskombinationen (n = 5, p = 6): 5.040 – 4.320 = 720
- Die Z'-Achse wird zur Überlagerung einer Kontur auf einen Radius verwendet und muss daher auf der Seite der B-Achse zwischen dieser und dem Prozess positioniert werden. Eine Positionierung der Z'-Achse direkt auf der B-Achse ist ebenfalls günstiger zur Erzielung einer höheren Genauigkeit. Achskombinationen (n = 4, p = 5): 720 - 600 = 120

Da an dieser Stelle die Anzahl der Achskombinationen in einem überschaubaren Bereich liegen, können die möglichen Achskombinationen tabellarisch erfasst werden (siehe Anhang A1), und die weiteren Restriktionen darauf angewendet werden. Hierdurch reduzieren sich die möglichen Achskombinationen wie folgt:

- Eine Stapelung der Achsen sollte vermieden werden, daher sollten mindestens zwei Achsen pro Seite realisiert werden. Achskombinationen: 120 – 24 = 96
- Das Diamantwerkzeug ist deutlich leichter und kleiner als die Schleifscheibe mit Spindel. Hinsichtlich kleinstmöglicher bewegter Massen sowie minimierter Hebelarme sollten daher mindestens drei Achsen auf der Diamantwerkzeugseite liegen, da dann bei einer Gesamtanzahl von sieben Achsen eine einigermaßen gleichmäßige Aufteilung vorliegt. Achskombinationen: 96 – 24 = 72
- Die Oszillationsbewegungen müssen radial zur Schleifscheibe verlaufen. Im Kraftfluss darf daher nur die C-Achse zwischen der X- und Y-Achse und der Arbeitsspindel angeordnet werden. Achskombinationen: 72 – 36 = 36
- Falls die Z-Achse ebenfalls auf der Seite der A-Achse angeordnet wird, darf diese nicht zwischen A-Achse und Prozess positioniert werden. Achskombinationen: 36 – 11 = 25

Im Gegensatz zum Stand der Technik soll die Maschine die gesamte Endbearbeitung der Diamantwerkzeuge bestehend aus der Konturierung der Schneidengeometrie und dem Läppen der Spanfläche in einer Aufspannung durchführen, um die Genauigkeit der Diamantwerkzeuge zu erhöhen. Weiterhin kann damit eine Automatisierung des Fertigungsprozesses erzielt werden, um so den manuellen Aufwand bei der Herstellung von Diamantwerkzeugen zu minimieren. Beide Prozesse erfordern jedoch unterschiedliche Bearbeitungsscheiben, die nach einem erfolgten Abrichten auf der Maschine nicht mehr demontiert werden sollten. Aus diesem Grund wird eine zweite Bearbeitungsstation mit einer zweiten Spindel zum Läppen der Spanfläche in die Maschine integriert. Die Zustellung bei der Bearbeitung der Spanfläche wird über die Y-Achse realisiert. Eine Optimierung des Konzepts hinsichtlich einer geringstmöglichen Anzahl während des Prozesses zu verfahrender Achsen lässt sich in diesem Zusammenhang umsetzten, indem die zweite Schleifspindel auf der Y-Achse positioniert wird. [BREC11]

Bei der Betrachtung der Achskonzepte für das Maschinensystem kann daher die Y-Achse vernachlässigt werden. Dies führt dazu, dass die Anzahl der möglichen Konzepte auf 14 weiter reduziert werden kann. Viele Konzepte sind nun identisch, da sie sich bisher nur durch die Position der Y-Achse unterschieden haben. Die sich hieraus ergebenden Achskonzepte sind in Tabelle 5.1 zusammengefasst, wobei die bis dahin berücksichtigte Position der Y-Achse kenntlich gemacht ist.

Tabelle 5.1: Mögliche Achskonzepte für das Maschinensystem

Possible axis concepts for the machining system

Schleifscheibenseite ← | Maschinenbett | Werkzeugseite →

Konzept	Achse 1						Achse 7
2	C	X		Y	Z	A	B	Z'
4	C	X	Y	Z		A	B	Z'
9	C	X	Y	A		Z	B	Z'
29	C	X	A	Z		Y	B	Z'
32	C	Y		X	Z	A	B	Z'
62	C	Y		Z	X	A	B	Z'
63	C	Y	Z		X	A	B	Z'
64	C	Y	Z	X		A	B	Z'
68	C	Y	A		X	Z	B	Z'
69	C	Y	A	X		Z	B	Z'
93	C	Y	A		Z	X	B	Z'
94	C	Y	A	Z		X	B	Z'
97	C	Y		Z	A	X	B	Z'
98	C	Y	Z		A	X	B	Z'

Der Kraftfluss wird in jedem Konzept von der Schleifscheibe über die Achse 1, das Maschinenbett, die Achse 7 bis zum Werkzeug geschlossen. Hierbei liegt das Maschinenbett je nach Konzept an unterschiedlichen Positionen. Auf Basis der gestellten Restriktionen ist die C-Achse immer die Achse 1 auf der Seite der Schleifscheibe, und die Z'-Achse immer die Achse 7 auf der Werkzeugseite. Die B-Achse ist bei allen Konzepten an sechster Stelle direkt vor der Z'-Achse. Zusätzlich werden durch die Vernachlässigung der Y-Achse weitere Restriktionen wieder verletzt, so dass weitere Konzepte ausgeschlossen werden können. Die hellgrau unterlegten Konzepte erfüllen durch das Weglassen der Y-Achse nicht mehr die Restriktionen, dass zum einen auf jeder Seite mindestens zwei Achsen vorhanden sein sollten (Konzepte 32, 62 und 97), und zum anderen auf der Seite des Werkzeugs mindestens drei Achsen sein sollten (Konzept 29). Durch die Schraffur sind die Konzepte 63, 64, 68, 69, 93, 94, und 98) markiert, welche die Restriktion nicht mehr erfüllen nach der zwischen der X-Achse und der Arbeitsspindel nur noch die C-Achse angeordnet sein darf. Insgesamt führt dies dazu, dass von den 40.320 möglichen Konzepten nur noch drei in der letzten Auswahl stehen.

Die anschließende Ausarbeitung der Konzepte ergibt, dass Konzept 2 die bestmöglich Alternative darstellt. Bei diesem Konzept gliedert sich das Maschinensystem in zwei Teilsysteme, welche die gestellten Anforderungen realisieren. Auf der Schleifscheibenseite befinden sich die Achsen C und X, welche die Anforderungen bezüglich des zu bearbeitenden Materials umsetzen. Die Achsen Z, A, B und Z', welche die Anforderungen bezüglich der zu fertigenden Werkzeuggeometrien umsetzen, befinden sich dagegen auf der Werkzeugseite. Da dies eine gute Modularisierung des Maschinensystems darstellt, ist dieses Konzept im Hinblick auf eine größtmögliche Flexibilität in Bezug auf die Fertigungsfreiheiten und einer späteren Erweiterbarkeit der Maschine die bestmögliche Lösung, was wichtig ist für die Verwendung des Maschinensystems als Prüfstand für Prozessuntersuchungen. Weiterhin bietet dieses Konzept zum einen die höchste Steifigkeit resultierend aus geringen Hebelarmen und der Verwendungsmöglichkeit steifer Achssysteme, zum anderen sind die notwendigen Verfahrwege zur Einstellung der Werkzeuggeometrie bei diesem Konzept am geringsten. Dies führt insgesamt zu einer hohen erzielbaren Genauigkeit am Werkstück. Weiterhin können bei diesem Konzept einige Achsen als Positionierachsen ausgelegt werden, welche während des Prozesses nicht verfahren müssen, so dass ihr Fehlereinfluss eliminiert wird. [BREC11]

Bild 5.2 zeigt die gesamte kinematische Kette zum Endbearbeiten der Diamantwerkzeuge und die maschinentechnische Umsetzung. Die drei Linearachsen X, Y und Z befinden sich direkt auf dem Maschinenbett. Auf der X-Achse ist die Exzenterspindel C mit der Schleifspindel als Baueinheit montiert, so dass alle werkstoffspezifischen Anforderungen an die Kinematik auf dieser Seite abgebildet werden können. Die Auslegung der zentralen Baugruppen Schleifscheibe, C-Achse, A-Achse und Z'-Achse wird im Folgenden beschrieben. Analog dazu sind die zur Fertigung der Geometrie des Diamantwerkzeugs notwendigen Achsen A, B und Z' auf der Z-Achse montiert. Lediglich die Spindel zur Läppbearbeitung der Spanfläche ist direkt an der

Y-Achse befestigt, um an dieser Stelle eine größtmögliche Steifigkeit und Genauigkeit gemäß dem oben beschriebenen Konzept zu erzielen. Hierdurch ergibt sich ein weiterer Vorteil in Bezug auf die Positionierung der Z'-Achse auf der B-Achse. Beim Läppen der Spanfläche kann mit der B-Achse die Schnittrichtung eingestellt werden, so dass auch verschieden orientierte Diamantkristalle bearbeitet werden können. Eine Oszillation wie sie beim Schleifen mit der X-Achse realisiert werden kann, kann beim Läppen in der gewählten Achskonfiguration durch die Z'-Achse umgesetzt werden. Insgesamt erhält das Maschinensystem hierdurch eine größere Flexibilität als Prüfstand. [BREC11]

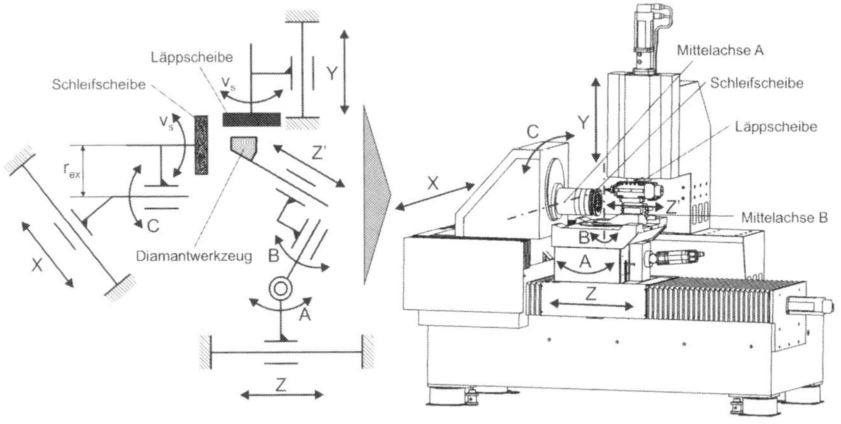

Bild 5.2: Kinematische Kette und Gesamtmaschine [BREC11]

Kinematic chain and entire machine

Zur Steigerung der Genauigkeit und als konsequente Weiterverfolgung des Konzepts einer Bearbeitung in einer Aufspannung verfügt das Maschinensystem über ein integriertes optisches Messsystem zur Charakterisierung des gefertigten Diamantwerkzeugs (siehe Bild 5.3). Dies erlaubt auch eine Korrekturbearbeitung ohne den Verlust wichtiger Referenzpositionen. Für die vollständige Vermessung des Diamantwerkzeugs steht ein 3-Achs Positioniersystem für das Messsystem zur Verfügung. Der im Verhältnis zum Werkstück große Aufbau der Maschine erklärt sich zum einen aus der hohen Anzahl an Maschinenachsen, welche bei einem seriellen Maschinenkonzept zu einem entsprechenden Bauraumbedarf führen. Zum anderen wurde die Maschine mit Hinblick auf eine hohe Steifigkeit, und damit hohe Genauigkeit im Prozess, ausgelegt. Dies führt ebenfalls zu einem größeren Bauraum der Maschine. [BREC11]

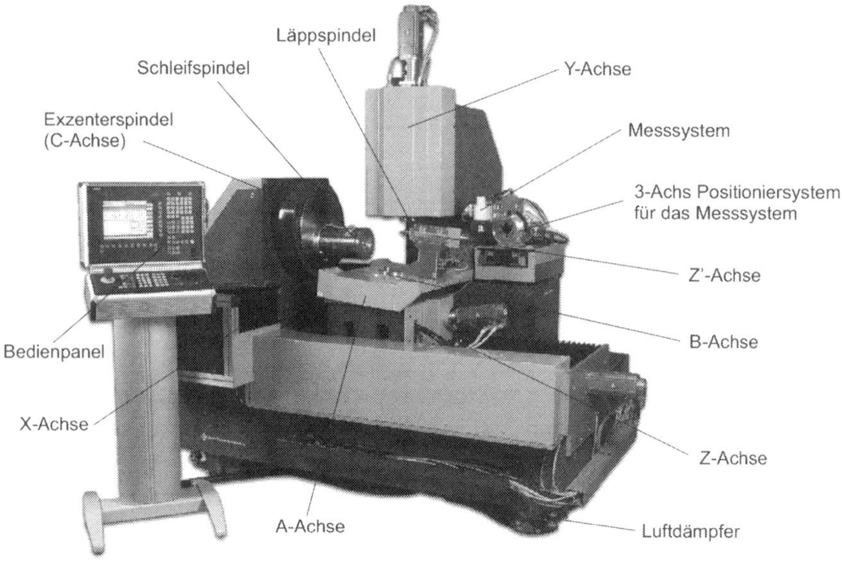

Bild 5.3: Aufgebautes und in Betrieb genommenes Maschinensystem [BREC11]
Assembled and commissioned machining system

Das Maschinensystem zur vollständigen Endbearbeitung von monokristallinen hochgenauen Diamantwerkzeugen verfügt über verschiedene technische Neuerungen, welche diese Maschine aus dem Stand der Technik herausheben. Zusammenfassend sind dies die folgenden systematisch hergeleiteten Eigenschaften des Maschinensystems:

- Der Kontaktpunkt zwischen Schleifscheibe und zu bearbeitendem Diamantwerkzeug ist in allen drei Flächenfreiheitsgraden (x, z und β) frei einstellbar. Hierdurch lassen sich eine Vielzahl von Werkzeuggeometrien zerspanend fertigen, unter anderem asphärische Geometrien.
- Durch die Integration einer separaten Spindel zum Läppen der Spanfläche des Diamantwerkzeugs kann sowohl das Konturschleifen als auch das Läppen in einer Aufspannung durchgeführt werden. Dies ermöglicht höhere Genauigkeiten am Diamantwerkzeug.
- Die Exzenterspindel/C-Achse ermöglicht neben einem kontinuierlichen Schleifrichtungswechsel auch eine einstellbare Schleifrichtung durch die als NC-Achse positionierbare C-Achse. In Kombination mit der eingesetzten konventionellen NC-Steuerung Siemens Sinumerik 840D [SIEM10], welche auch zur simultanen Fünfachsbearbeitung verwendet wird, können die Prozesse auf der Maschine in höchstmöglicher Flexibilität durchgeführt werden. Da jede Achse als NC-Achse in die Steuerung integriert ist, können die Achsen geregelt positioniert als auch syn-

chronisiert zueinander verfahren werden. Dies ermöglicht erst die Herstellung asphärischer Schneidengeometrien.

- Weiterhin verfügt das Maschinensystem über Sensorik zu Überwachung und Optimierung des Bearbeitungsprozesses, wie Kraftsensorik in allen drei Raumrichtungen und Körperschallsensorik. Die Signale können den Achspositionen zugeordnet werden, so dass die Signale in einen Ort am Werkstück aufgelöst werden können. In Kombination mit dem modularen Aufbau des Maschinensystems, eignet sich dieses neben der Herstellung von Diamantwerkzeugen für umfangreiche Prozessuntersuchungen bezüglich der zerspanenden Bearbeitung von Diamant.

5.2 Konstruktive Details des Maschinensystems

Design details of the machining system

5.2.1 Auslegung der Schleifscheibe

Dimensioning the grinding wheel

Ein wichtiges Element bei der Konturierung des Diamantwerkzeugs ist die Schleifscheibe. Die richtige Wahl der Schleifscheibe ist daher entscheidend für das Prozessergebnis der Schleifbearbeitung. An erster Stelle muss ein geeigneter Schleifbelag für die Schleifscheibe gewählt werden. Diamant als der härteste bekannte Werkstoff lässt sich folglich nur mit Diamant bearbeiten, was jedoch nur auf Grund seiner anisotropen Kristalleigenschaften gelingt. Um eine hochgenaue Bearbeitung der Diamantwerkzeuge durchführen zu können, wurden Schleifscheiben mit Korngrößen D20 (20 – 30 µm) und D9 (6 – 12 µm) in einer metallischen Bindung gewählt. Da die Körner in der metallischen Bindung fest sind, kann davon ausgegangen werden, dass 67% der Korngröße in der Bindung gebunden sind [ENGM11], so dass sich ein effektiver Überstand der Körner von maximal 9,9 µm bei einer D20-Scheibe und 3,96 µm bei einer D9-Scheibe ergibt. Für die ersten Prozessuntersuchungen kann dies als ausreichend fein angesehen werden, da zunächst ein relevanter Abtrag erzeugt werden soll. Die Form der Schleifscheibe ist auf Grund des Axialkonturschleifens nach VDI3394 [VDI80] eine Topfschleifscheibe der Grundform 6A2, deren Geometrie jedoch wie im Folgenden beschrieben an die Bedingungen in der Diamantschleifmaschine individuell angepasst ist.

Neben diesen technologischen Kenngrößen der Schleifscheibe müssen die geometrischen Abmessungen der Schleifscheibe dem Maschinensystem entsprechend ausgelegt werden. Um die richtungsabhängige Härteanisotropie des zu bearbeitenden Diamanten mit dem Ziel eines hohen Abtrags zu nutzen, verfügt die Diamantschleifmaschine über eine Exzenterspindel (Bild 5.4). Die Exzenterspindel, welche auch als C-Achse verwendet werden kann, wird durch einen luftgelagerten Rundtisch gebildet, auf dessen Planscheibe die Schleifspindel mit der Schleifscheibe exzentrisch montiert ist.

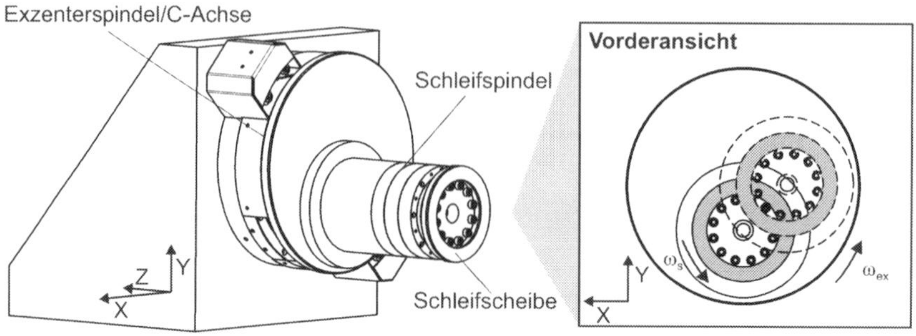

Bild 5.4: Exzenterspindel/C-Achse mit Schleifspindel und Schleifscheibe

Excentric spindle/C-axis with grinding spindle and grinding wheel

Durch diese Anordnung ergeben sich die in Bild 5.5 skizzierten Kontaktbedingungen zwischen dem zu bearbeitenden Diamantwerkzeug und der Schleifscheibe. Wenn mit einem kontinuierlichen Schleifrichtungswechsel bearbeitet werden soll, dann rotiert sowohl die Schleifscheibe als auch die Exzenterspindel C mit konstanter Geschwindigkeit. Der Drehmittelpunkt der Schleifscheibe bewegt sich auf einer Kreisbahn mit dem Exzenterradius r_{ex} um den Drehmittelpunkt der C-Achse. Bei einer konstanten Rotation der Schleifscheibe in eine Richtung steht der Vektor der Schnittgeschwindigkeit immer senkrecht zur Verbindungslinie zwischen dem Drehmittelpunkt und dem betrachteten Kontaktpunkt an der Schleifscheibe. Da sich die Lage des Drehmittelpunkts der Schleifscheibe infolge der Rotation der C-Achse relativ zum Diamantwerkzeug ändert, folgt hieraus eine Änderung der Richtung des Schnittgeschwindigkeitsvektors v_s relativ zum Diamantwerkzeug, so dass ein kontinuierlicher Schnittrichtungswechsel realisiert wird.

Für die Umsetzung eines hochgenauen Schleifprozesses ist die Erzielung eines gleichmäßigen Verschleißes der Schleifscheibe über die gesamte Belagbreite b ein weiterer wichtiger Faktor. Dies kann durch eine relative Oszillationsbewegung zwischen dem Diamantwerkzeug und der Schleifscheibe in X-Richtung erreicht werden. Bei der beschriebenen Diamantschleifmaschine kann dies zum einen über die X-Achse erfolgen, auf welcher die Exzenterspindel mit der Schleifspindel montiert ist. Zum anderen kann diese Funktion ebenfalls mit der C-Achse umgesetzt werden. Unter der Vorraussetzung, dass der äußere Radius r_{sa} der Schleifscheibe größer ist als der Exzenterradius r_{ex}, ergibt sich eine Überlappfläche bei der Rotation um die C-Achse wie es in Bild 5.5 verdeutlicht wird. Befindet sich das Diamantwerkzeug in einem Abstand Δx, welcher durch die X-Achse direkt eingestellt werden kann, vom Drehmittelpunkt der C-Achse entfernt, so bewegt sich das Diamantwerkzeug von der Schleifscheibe aus betrachtet auf einer virtuellen Kreisbahn um den Drehmittelpunkt der C-Achse. Ziel der geometrischen Auslegung der Schleifscheibe ist es, die Überlappfläche so zu gestalten, dass das Diamantwerkzeug auf seiner virtuellen Kreisbahn immer innerhalb der Überlappfläche ist. Die linke Skizze in Bild 5.5 zeigt den Fall einer falschen Auslegung und die rechte Skizze das Ziel der Auslegung. Hier wird deutlich, dass der Abstand Δx zur Ausnutzung der gesamten Schleifscheibenbreite b führt, was zur Erzielung eines gleichmäßigen Verschleißes notwendig ist. In dem dargestellten Beispiel befindet sich das Diamantwerkzeug bei C = 0° am inneren Rand des Schleifbelags und bei C = 180° am äußeren Rand.

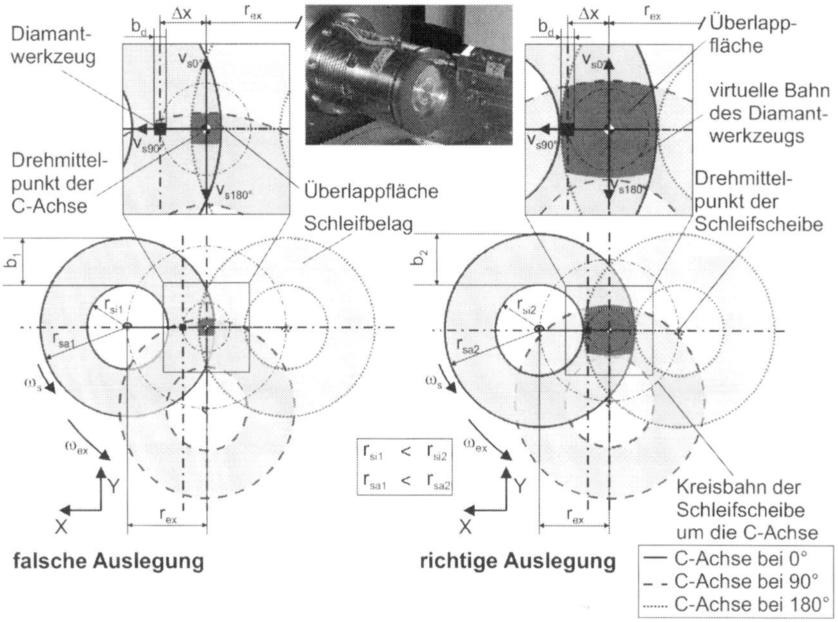

Bild 5.5: Auslegung der Schleifscheibengröße

Dimensioning the grinding wheel size

Zusammenfassend sollte ein kontinuierlicher Eingriff des Diamantwerkzeugs mit der Schleifscheibe gewährleistet werden, indem sich das Diamantwerkzeug in der Überlappfläche befindet. Zudem sollte die Breite der Überlappfläche der Breite des Schleifbelags entsprechen, damit eine gleichmäßige Ausnutzung des Schleifbelags realisiert werden kann. Die oben genannten Bedingungen lassen sich anhand der folgenden beiden Gleichungen 5.4 und 5.5 beschreiben, so dass hiermit eine Auslegung der Schleifscheibe erfolgen kann.

$$r_{sa} \geq r_{ex} + \Delta x + \frac{b_d}{2} \tag{5.4}$$

$$r_{si} \leq r_{ex} - \Delta x - \frac{b_d}{2} \tag{5.5}$$

Zur Simulation der gleichmäßigen Überdeckung wurde ein Berechnungsmodell erstellt, mit dessen Hilfe die auf die Schleifscheibe projizierte Bahn des Diamantwerkzeugs berechnet werden kann. Bezogen auf den Drehmittelpunkt der Schleifscheibe kann der Ort des Diamantwerkzeugs im Koordinatensystem der Schleifscheibe X' und Y' mit den Gleichungen 5.6 und 5.7 beschrieben werden (siehe linke Skizze in Bild 5.6).

$$x_d^{'} = r_d \cos\varphi \tag{5.6}$$

$$y_d^{'} = r_d \sin\varphi \tag{5.7}$$

In diesen Gleichungen ist φ die Winkelposition der Schleifscheibe infolge ihrer Drehbewegung und r_d der Abstand zwischen dem Drehmittelpunkt der Schleifscheibe und dem Kontaktpunkt mit dem Diamantwerkzeug. Dieser Abstand ist abhängig von der Winkelposition Θ der C-Achse, mit welcher sich der Drehmittelpunkt der Schleifscheibe auf der in Bild 5.6 gezeigten Kreisbahn bewegt. Gleichung 5.8, welche sich auf der Basis des Kosinussatzes ableiten lässt, gibt diese Abhängigkeit wieder.

$$r_d = \sqrt{r_{ex}^2 + \Delta x^2 - 2 r_{ex} \Delta x \cos\Theta} \tag{5.8}$$

Die projizierte Bahn des Diamantwerkzeugs auf die Schleifscheibe ist demnach eine Superposition der Rotation der Schleifscheibe und der Rotation der Exzenterspindel.

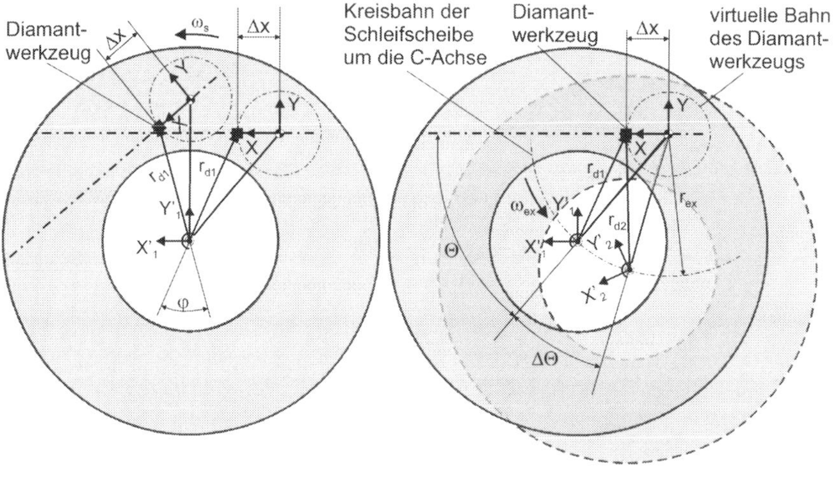

Bild 5.6: Berechnung der projizierten Bahn des Diamantwerkzeugs

Calculation of the projected path of the diamond tool

Basierend auf dem Modell für die projizierte Bahn kann die Schnittgeschwindigkeit, welche am Ort des Diamantwerkzeugs auftritt, berechnet werden. Durch Einsetzen der Gleichung 5.8 in die Gleichungen 5.6 und 5.7 und anschließendes Ableiten der erhaltenen Gleichungen ergeben sich die Gleichungen 5.9 und 5.10 für die vektoriellen Geschwindigkeiten am Kontaktpunkt. In diesen Gleichungen ist Θ der Drehwinkel der C-Achse mit der zugehörigen Winkelgeschwindigkeit $\dot{\Theta}$, und φ der Drehwinkel der Schleifscheibe mit der zugehörigen Winkelgeschwindigkeit $\dot{\varphi}$.

$$\dot{x}_d = \frac{1}{2r_d}\left[2r_{ex}\Delta x \sin(\Theta)\dot{\Theta}\right]\cos\varphi - r_d \sin(\varphi)\dot{\varphi} \tag{5.9}$$

$$\dot{y}_d = \frac{1}{2r_d}\left[2r_{ex}\Delta x \sin(\Theta)\dot{\Theta}\right]\sin\varphi + r_d \cos(\varphi)\dot{\varphi} \tag{5.10}$$

Die absolute Schnittgeschwindigkeit am Ort des Diamantwerkzeugs ergibt sich dann zu:

$$v_{s,abs} = \sqrt{\dot{x}_d^2 + \dot{y}_d^2} \tag{5.11}$$

In Bild 5.7 sind die vektoriellen Zusammenhänge zur Berechnung der Schnittgeschwindigkeit am Diamantwerkzeug wiedergegeben.

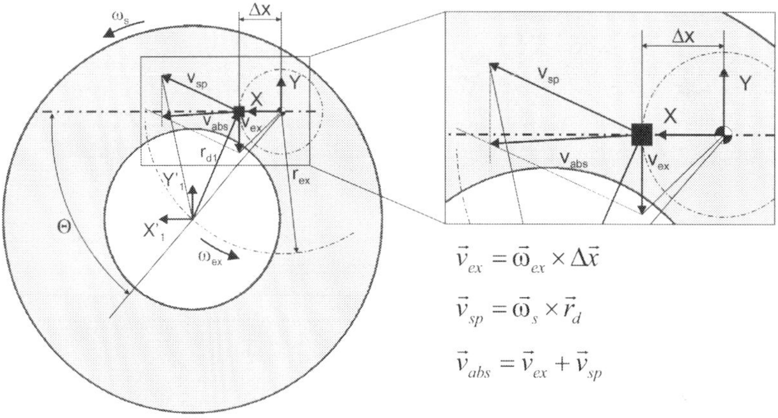

$$\vec{v}_{ex} = \vec{\omega}_{ex} \times \Delta\vec{x}$$

$$\vec{v}_{sp} = \vec{\omega}_s \times \vec{r}_d$$

$$\vec{v}_{abs} = \vec{v}_{ex} + \vec{v}_{sp}$$

Bild 5.7: Berechnung der Schnittgeschwindigkeit
Calculation of the cutting speed

Die daraus berechnete projizierte Bahn des Diamantwerkzeugs, welche in Bild 5.8 wiedergegeben ist, zeigt, dass die gesamte Belagbreite der Schleifscheibe ausgenutzt wird. Aus dieser Tatsache lassen sich zwei wichtige Erkenntnisse gewinnen. Zum einen ist durch einen von null verschiedenen Versatz Δx gewährleistet, dass eine Schleifscheibe, deren Radien entsprechend angepasst wurden, immer komplett überdeckt wird. Zum anderen kann auf eine Oszillation der X-Achse verzichtet werden, was zu einer gesteigerten Genauigkeit des Bearbeitungsergebnisses führt, da die Fehler durch die X-Achse keinen Einfluss mehr haben. Weiterhin zeigen die Simulationsergebnisse, dass eine Änderung der Schleifscheibendrehzahl ω_s einen wesentlichen Einfluss auf die Häufigkeit der Überdeckung des gesamten Schleifscheibenbelags hat. Im Gegensatz dazu ist der Einfluss der Exzenterdrehzahl ω_{ex} zu vernachlässigen.

Mit dem Berechnungsmodell lässt sich zudem die Schnittgeschwindigkeit in Abhängigkeit der Randbedingungen wie zum Beispiel des Versatzes Δx bestimmen. Weiterhin können die zur Erzielung der geforderten Schnittgeschwindigkeit erforderlichen

Drehzahlen der C-Achse und der Schleifspindel ermittelt werden. Da der Radius r_d in Abhängigkeit der Rotation der C-Achse variiert, treten während einer Umdrehung der C-Achse eine maximale und eine minimale Schnittgeschwindigkeit auf. Diese Schnittgeschwindigkeiten stellen die unteren Diagramme in Bild 5.8 dar. Hierdurch wird unterstrichen, dass die wichtigste Stellgröße für die Schnittgeschwindigkeit die Drehzahl der Schleifspindel ω_s ist.

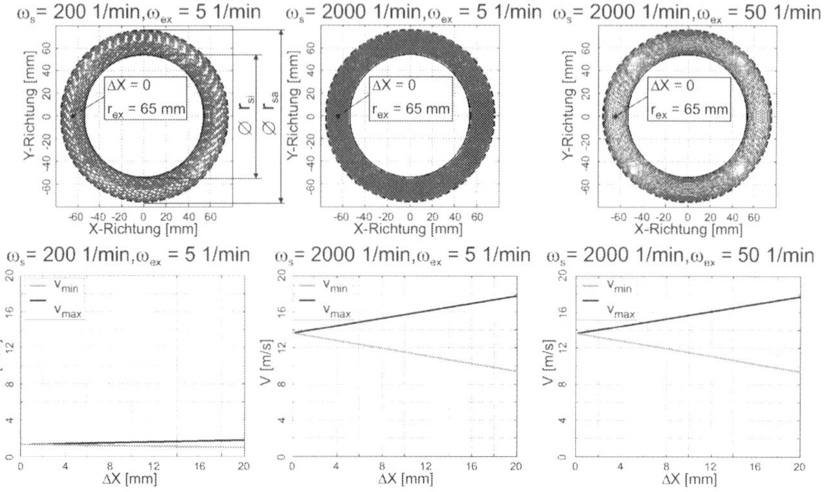

Bild 5.8: **Simulation der Schnittgeschwindigkeit**

Simulation of the cutting speed

Die Bearbeitung der Spanfläche wird durch einen Läppprozess realisiert, um eine hohe Oberflächengüte der Spanfläche und eine geringe Schneidkantenverrundung zu erzielen. Daher muss für diesen Prozess eine andere Scheibe herangezogen werden. Für die Läppscheibe, welche an die vertikale zweite Bearbeitungsspindel angebracht wird, wird ein Stahlgussgrundkörper gewählt. Die Wahl der Läppscheibe orientiert sich an den bereits durchgeführten Untersuchungen [ZONG06, ZONG07a, ZONG07b, ZONG08, GRIL00, YUAN03, MALS99, VANB00] zum Läppen von monokristallinen Diamantwerkzeugen, da der Schwerpunkt dieser Arbeit nicht auf diesem Prozessschritt liegt. Vor der Bearbeitung wird dieser Grundkörper mit feinen Diamantkörnern beladen, durch welche der Abtrag an der Spanfläche erzeugt wird.

5.2.2 Auslegung der Exzenterspindel

Dimensioning the excentric spindle

Zur Realisierung des Schleifrichtungswechsels ist die Schleifspindel an einen zugekauften luftgelagerten Rundtisch EK 250 exzentrisch angebaut. Dieser Rundtisch rotiert mit einer sehr niedrigen und konstanten Drehzahl und bildet somit die Exzenterspindel oder C-Achse. Für die Schleifspindel wird eine ebenfalls zugekaufte luftgelagerte Spindel DK 100 verwendet, welche mit einer Drehzahl von 4000 – 5000 1/min betrieben werden kann, und eine ausreichende Steifigkeit aufweist. Da die Schnittgeschwindigkeit im Wesentlichen von der Drehzahl der Schleifspindel abhängig ist, resultiert aus der gegebenen Drehzahl mit der auf die Spindel angepassten Schleifscheibe eine Schnittgeschwindigkeit von 20 – 40 m/s. Die gesamte Exzenterspindel, welche auf dem Schlitten der X-Achse montiert wird, ist in Bild 5.9 dargestellt.

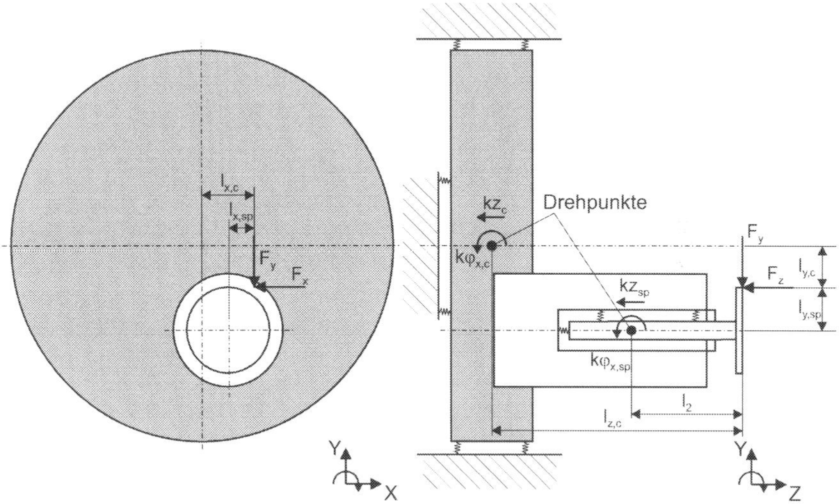

Bild 5.9: Exzenterspindel/C-Achse mit Schleifspindel

Excentric spindle/C-axis with grinding spindle

Auf Grund der zu realisierenden Kinematik und der in der Konzeptphase entwickelten Achsanordnung ist die Auskragung der Schleifspindel fest vorgegeben. Daher ist es notwendig, die Exzenterspindel hinsichtlich ihrer Steifigkeit und der übrigen Hebelarme zu optimieren. Dabei werden mit Hilfe der gegebenen linearen Steifigkeiten und Kippsteifigkeiten die Verlagerungen und Verkippungen gemäß dem vereinfachten Modell in Bild 5.9 berechnet. Zur Vereinfachung wird angenommen, dass sich sowohl der Rundtisch der C-Achse als auch die Spindel unabhängig voneinander verlagern und verkippen. Weiterhin wurde bereits in der Konzeptphase ein Massenausgleich für die Spindel vorgesehen, so dass Massenkräfte im Modell nicht berücksichtigt werden müssen und nur die Prozesskräfte F_x, F_y und F_z in die Berechnung mit eingehen. Die Gesamtverlagerung und –verkippung ergeben sich dann durch eine Superposition der einzelnen Verlagerungen und Verkippungen gemäß der Gleichung 5.12. Da sich die Fläche der Schleifscheibe in der X-Y-Ebene befindet, sind diese Richtungen nicht sensitiv, d.h. ihr Einfluss auf die Genauigkeit ist nicht relevant, weswegen nur die Z-Richtung betrachtet werden muss.

$$\Delta z_{ges} = \Delta z_{c,lin} + \Delta z_{sp,lin} + \Delta z_{c,rot} + \Delta z_{sp,rot} \tag{5.12}$$

Die lineare Verlagerung $\Delta z_{c,lin}$ berechnet sich nach Gleichung 5.13 als die Summe der Planlaufgenauigkeit $\Delta z_{c,geo}$ und der axialen Steifigkeit kz_c mit der Prozesskraft F_z.

$$\Delta z_{c,lin} = \Delta z_{c,geo} + \frac{F_z}{kz_c} \tag{5.13}$$

Die Verlagerung $\Delta z_{c,rot}$ auf Grund der Verkippungen kann anhand von Gleichung 5.14 mit den wirksamen Hebelarmen $l_{y,c}$ und $l_{x,c}$ ermittelt werden. Im Modell sind die wirksamen Hebelarme zwischen dem TCP (Tool-Centre-Point) und den angenommenen Drehpunkten. Da die C-Achse als auch die Spindel über Luftlagerungen in Kalottenform verfügen, können die Drehpunkte mit guter Näherung im Mittelpunkt der Kalotten angenommen werden.

$$\Delta z_{c,rot} = \delta\varphi_{x,c} l_{y,c} + \delta\varphi_{y,c} l_{x,c} \tag{5.14}$$

In dieser Gleichung sind die Verkippungen um die x-Achse $\delta\varphi_{x,c}$ und die y-Achse $\delta\varphi_{y,c}$ enthalten, welche sich auf Grund der Prozesskräfte und der jeweiligen Kippsteifigkeiten $k\varphi$ ergeben (Gleichungen 5.15 und 5.16).

$$\delta\varphi_{x,c} = F_y \frac{l_{z,c}}{k\varphi_{x,c}} + F_z \frac{l_{y,c}}{k\varphi_{x,c}} \tag{5.15}$$

$$\delta\varphi_{y,c} = F_x \frac{l_{z,c}}{k\varphi_{y,c}} + F_z \frac{l_{x,c}}{k\varphi_{y,c}} \tag{5.16}$$

Die Gleichungen 5.13 bis 5.16 können analog für die Spindel aufgestellt werden, um die Verlagerungen $\Delta z_{sp,lin}$ und $\Delta z_{sp,rot}$ zu berechnen.

Für den betrachteten Fall einer optimal ausgelegten Spindel ohne Einfluss der Gewichtskraft, welche durch ein Gegengewicht ausgeglichen wird, sind die resultierende Verlagerung in der sensitiven z-Richtung und die Verkippung um die x-Achse in Bild 5.10 dargestellt. Analog dazu verhält sich die Verkippung um die y-Achse. Die gewählten Prozesskräfte liegen im mittleren zu erwartenden Bereich bei der Bearbeitung. Der wirksame Hebelarm in z-Richtung $l_{z,sp}$, welcher für die Spindel relevant ist, ist abhängig von der Position der Spindel in Bezug auf die C-Achse. Dieses Maß wird durch die Länge des Rotors der Spindel repräsentiert. Daher wird in den Diagrammen die Abhängigkeit der Verlagerung und der Verkippung von diesem Hebelarm dargestellt.

Aus den Diagrammen geht hervor, dass es günstiger ist, die Länge l_2 so gering wie möglich zu halten. Daher sollte die Schleifspindel vor der Planscheibe der C-Achse platziert werden und nicht im Rundtisch integriert werden. Dies ergibt sich auf Grund der wesentlich geringeren Steifigkeit der Schleifspindel im Vergleich zur C-Achse.

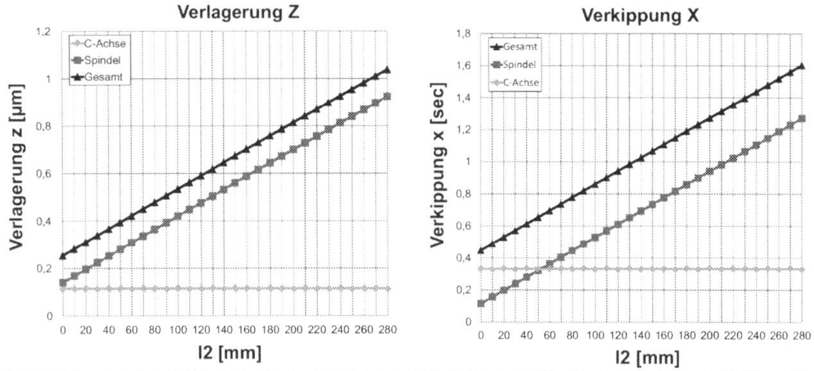

C-Achse	
geo. Ungenauigkeit in z $\Delta z_{c,geo}$:	0,098 µm
lin. Steifigkeit in z kz_c:	960 N/µm
Kippsteifigkeit um x $k\varphi_{x,c}$:	880 N/µm
Kippsteifigkeit um y $k\varphi_{y,c}$:	880 N/µm
Hebelarm in x $l_{x,c}$:	0 mm
Hebelarm in y $l_{y,c}$:	8 mm
Hebelarm in z $l_{z,c}$:	295 mm

Spindel	
geo. Ungenauigkeit in z $\Delta z_{sp,geo}$:	0,033 µm
lin. Steifigkeit in z kz_{sp}:	75 N/µm
Kippsteifigkeit um x $k\varphi_{x,sp}$:	250 N/µm
Kippsteifigkeit um y $k\varphi_{y,sp}$:	250 N/µm
Hebelarm in x $l_{x,sp}$:	70 mm
Hebelarm in y $l_{y,sp}$:	70 mm
Hebelarm in z $l_{z,sp}$:	l_2

Kräfte
$F_x = 5$ N
$F_y = 5$ N
$F_z = 2$ N

Bild 5.10: Verlagerung und Verkippung der Exzenterspindel
Shift and tilt of the excentric spindle

Da die Schleifspindel inklusive der Schleifscheibe mit einer Gesamtlänge von 280 mm fest vorgegeben ist und sie sich auf Grund ihres Durchmessers nicht in die C-Achse integrieren lässt, muss sie ohnehin vor die Planscheibe der C-Achse montiert werden. Dies hat zur Folge, dass die Länge l_2 bei 79,05 mm liegt, wodurch sich eine Verkippung von 0,77" und eine Verlagerung in z von 0,48 µm ergibt. Damit sind die Anforderungen an den gesamten Verbund aus C-Achse und Spindel mit einer maximalen Verlagerung von 1 µm und einer maximalen Verkippung von 2" erfüllt. Bei maximal auftretenden Prozesskräften von $F_x = F_y = 20$ N und $F_z = 10$ N tritt eine Verlagerung in z-Richtung von 1,6 µm und eine Verkippung von 3,2" auf. Für die Endbearbeitung der Kontur wird jedoch eine Schlichtbearbeitung durchgeführt, bei der Prozesskräfte im unteren einstelligen Newton-Bereich auftreten, so dass die gewünschte Genauigkeit erzielt werden kann.

5.2.3 Dimensionierung der A-Achse

Dimensioning the A-axis

Für die Fertigung definierter Frei- und Spanwinkel am Diamantwerkzeug muss dieses in dem gewünschten Winkel relativ zur Schleifscheibe verkippt werden. Da sich auf Grund der durchgeführten kinematischen Betrachtungen eine Achsanordnung als optimal herausgestellt hat, in der auf diese A-Achse noch die B- und Z'-Achse montiert werden, muss die A-Achse eine hohe Tragfähigkeit aufweisen. Zudem wurde für die B-Achse eine standardisierte Drehachse ausgewählt, wodurch die Baugröße der A-Achse zusätzlich festgelegt ist. Durch den Einsatz einer zweiten Bearbeitungsspindel zur Spanflächenbearbeitung, welche ebenfalls vom Typ DK 100 ist, konnte der Schwenkwinkel der A-Achse auf 20° reduziert werden. Dies führte dazu, dass das im Drehpunkt gelagerte Joch, welches im ursprünglichen Konzept für diese Achse vorgesehen war, durch eine Goniometerachse substituiert werden konnte. Ein wesentlicher Vorteil der Goniometerachse gegenüber dem Joch ist der geringere Platzbedarf, wodurch das Diamantwerkzeug besser zugänglich ist und daher die Vermessung mit dem Messsystem einfacher umsetzbar ist. Bild 5.11 zeigt auf der linken Seite das Konzept der A-Achse. Für den Antrieb der Achse wurde ein Rollengewindetrieb gewählt, weil dieser eine geringe Steigung aufweist und damit eine höhere Verfahrgenauigkeit erlaubt.

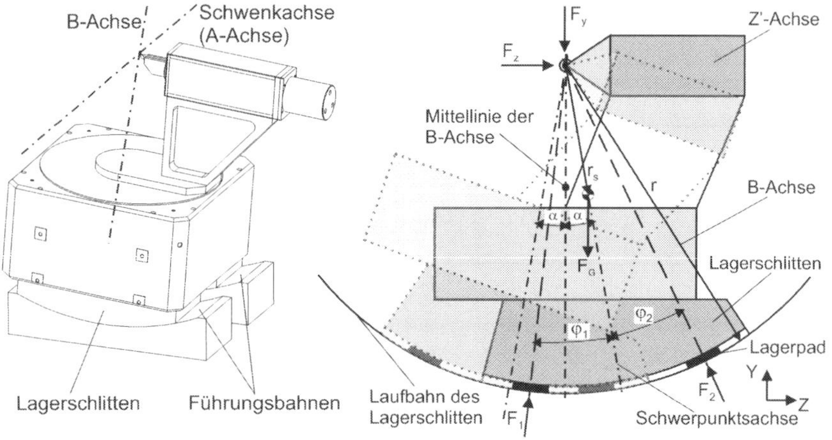

Bild 5.11: Auslegungsschema für die Lagerung der A-Achse

Dimensioning scheme for the bearings of the A-axis

Durch die Bremse des Servomotors kann der Lagerschlitten mit den darauf befindlichen Bauteilen auch beim Abschalten des Antriebs an einer festen Position gehalten werden, ohne dass er in seine Nulllage zurückschwenkt. Im Prozess soll die A-Achse einen definierten Winkel anfahren und in dieser Stellung während des Prozesses festgehalten werden. Demzufolge ist es sinnvoll, die A-Achse in der anzufahrenden Winkelposition zu klemmen und den Antrieb der A-Achse im Prozess abzuschalten, um die Wärmeentwicklung zu eliminieren.

Zur Auslegung der Lagerung der A-Achse und zur Abschätzung des Fehlers am TCP wurde das auf der rechten Seite von Bild 5.11 skizzierte Modell herangezogen. Als vereinfachende Annahme wurde der Gesamtschwerpunkt auf die Mittelachse der B-Achse gelegt, wobei dieser einen Abstand r_s von der Drehachse der A-Achse hat. Mit diesen Randbedingungen ergeben sich die Lagerkräfte in Abhängigkeit des

Schwenkwinkels α, dem Lagerabstand φ und den Prozesskräften gemäß den Gleichungen 5.17 und 5.18.

$$F_1 = \frac{F_y r \sin(\alpha + \varphi_2) - F_z r \cos(\alpha + \varphi_2) - F_G [r \sin(\alpha + \varphi_2) - r_s \sin \alpha]}{r[\cos(\varphi_1 - \alpha)\sin(\alpha + \varphi_2) + \cos(\alpha + \varphi_2)\sin(\varphi_1 - \alpha)]} \quad (5.17)$$

$$F_2 = \frac{F_G + F_y - F_1 \cos(\varphi_1 - \alpha)}{\cos(\alpha + \varphi_2)} \quad (5.18)$$

Mit den berechneten Lagerkräften und den Lagersteifigkeiten lässt sich die Verlagerung in den Lagerstellen ermitteln. Im Anschluss daran kann diese Verlagerung herangezogen werden, um die daraus resultierende Verlagerung am TCP zu bestimmen. Dabei setzt sich die Verlagerung analog zu der Vorgehensweise bei der Berechnung der Verlagerung der Exzenterspindel aus einer linearen Verlagerung in einem Lager plus einer Rotation infolge der linearen Verlagerung im anderen Lager zusammen, wie es schematisch in Bild 5.12 dargestellt ist, und mit den Gleichungen 5.19 bis 5.22 ermittelt werden kann. Da die Achse symmetrisch aufgebaut ist, sind die beiden Lagerwinkel gleich groß, weswegen in den Gleichungen nur mit dem Lagerwinkel φ_1 gerechnet wird.

$$\varepsilon = \arccos\left(\frac{a^2 + 4r^2 \sin^2 \varphi_1 - (\Delta l_1 - \Delta l_2)^2}{4ar \sin \varphi_1} \right) \quad (5.19)$$

$$a = \sqrt{r^2 + [r - (\Delta l_1 - \Delta l_2)]^2 - 2r[r - (\Delta l_1 - \Delta l_2)]\cos(2\varphi_1)} \quad (5.20)$$

$$\Delta y = \Delta l_2 \cos(\alpha + \varphi_1) + 2r \sin\left(\frac{\varepsilon}{2}\right) \sin(\alpha + \varphi_1 + \varepsilon) \quad (5.21)$$

$$\Delta z = \Delta l_2 \sin(\alpha + \varphi_1) - 2r \sin\left(\frac{\varepsilon}{2}\right) \cos(\alpha + \varphi_1 + \varepsilon) \quad (5.22)$$

Die dargestellten Diagramme zeigen deutlich die Abhängigkeit der relativen Verlagerung bezüglich der Nullposition vom Schwenkwinkel α, was auf die Verlagerung des Schwerpunkts zurückzuführen ist. Weiterhin hat der Lagerabstand einen signifikanten Einfluss auf die Verlagerung, welche besonders in z-Richtung stark vom Lagerabstand abhängt. Da die Verlagerung in beiden Achsrichtungen mit einem größeren Lagerabstand abnimmt, sollte dieser so groß wie möglich gewählt werden.

Weiterhin muss der Lagerwinkel größer sein als der Schwenkwinkel, da der Schwerpunkt andernfalls bei größeren Schwenkwinkeln nicht mehr zwischen den beiden Lagern liegt. Dies würde zu Zugkräften an dem entfernt liegenden Lager führen, welche von der gewählten Lagerung nicht aufgenommen werden können. Daher sind in den beiden Diagrammen in Bild 5.12 nur die Verlagerungen bis zu dem jeweiligen größtmöglichen Schwenkwinkel aufgeführt. Um einen Schwenkwinkel von 20° zur realisieren, wurde aus diesem Grund ein Lagerwinkel von 22,5° realisiert. Wie aus den Diagrammen zu ersehen ist, führt dies dazu, dass die Verlagerung in y-Richtung nur noch sehr geringfügig vom Schwenkwinkel abhängig ist und einen maximalen

Wert von 0,54 µm aufweist. Analog dazu verhält sich die Verlagerung in z-Richtung, welche einen maximalen Wert von -1,5 µm aufweist.

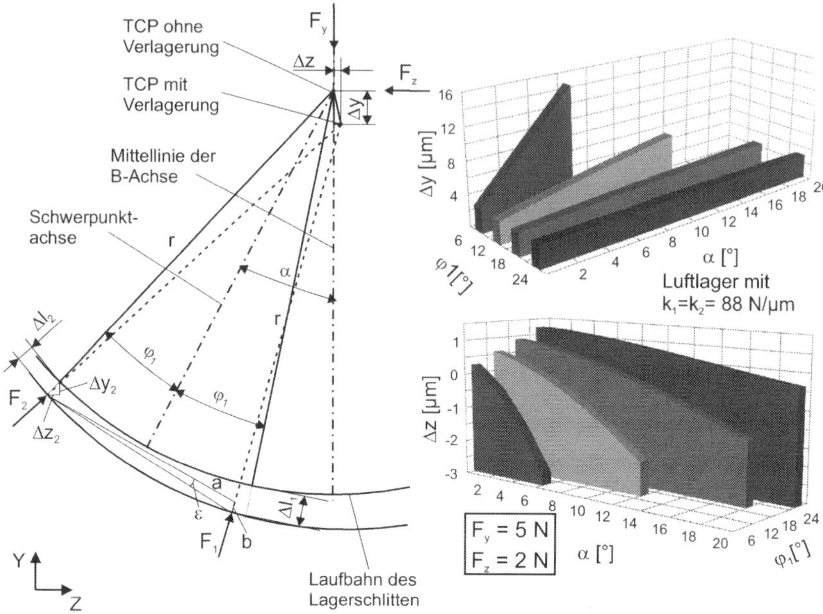

Bild 5.12: Relative Verlagerung des TCP infolge der Lagersteifigkeit

Relative shift of the TCP due to the bearing stiffness

Auf Grund von fertigungstechnischen Überlegungen zur Herstellung der Lagerung und zur Erzielung einer hohen Steifigkeit wurde die Führung der A-Achse mit einer Gleitlagerung versehen. Bild 5.13 zeigt die finale 3D-Konstruktion der A-Achse mit der darin integrierten Dreheinheit für die B-Achse. Die gesamte Lagerung besteht zum einen aus einer Gleitlagerung für die radialen Lager, welche eine Eigenkonstruktion darstellt, und einer magnetisch vorgespannten axialen Lagerung, die mit Standardluftlagerpads der Firma Eitzenberger ausgestattet ist. Um die Hebelarme zum Prozess und der Mittelachse der B-Achse zu verringern, ist die radiale Lagerung so nah wie möglich an der Planfläche der B-Achse positioniert. Ebenso ist das direkte Winkelmesssystem neben der radialen Lagerung angebracht, so dass die angestrebte Winkelgenauigkeit der Achse von < 2' erreicht werden kann. Als Antrieb wurde ein Rollengewindetrieb mit Servomotor gewählt, welcher direkt über eine wälzgelagerte Aufhängung am Gehäuse der B-Achse angebunden ist. Wie schon erwähnt wurde, soll die Achse während der Bearbeitung des Diamantwerkzeugs geklemmt werden. Diese Funktionalität kann mit dem gewählten Antriebskonzept ohne zusätzliche Elemente umgesetzt werden, wobei ein Servomotor mit eigener Bremse eingesetzt wird. Weiterhin wurde für die Grundstruktur, welche direkt auf den Schlitten der Z-Achse geschraubt wird, Naturstein als Material gewählt, damit geringere thermische Verformungen erzielt werden können. Durch diese Maßnahme passt der Aufbau der A-Achse auch in das Gesamtkonzept der Diamantschleifmaschine, deren wesentliche Strukturelemente aus Naturstein gefertigt sind.

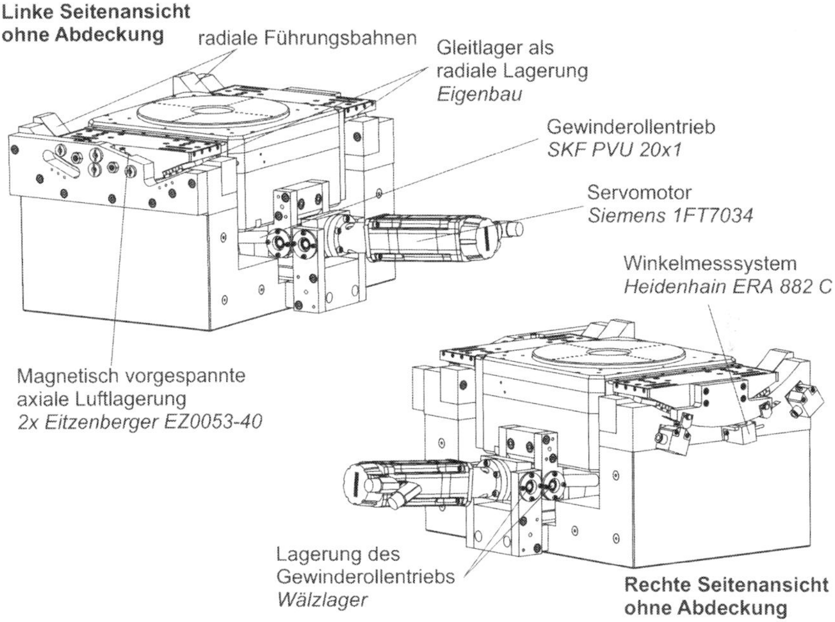

Bild 5.13: **A-Achse**
A-axis

5.2.4 Dimensionierung der Y-Achse

Dimensioning the Y-axis

Mit Hilfe der Y-Achse (Bild 5.14) wird die zweite Bearbeitungsspindel, welche zur Endbearbeitung der Spanfläche dient, in vertikaler Richtung geführt. Auf Grund des in der Größenordnung weniger µm liegenden zu verfahrenden Weges bei der Spanflächenbearbeitung, konnte bei der Konstruktion der Y-Achse auf die Verwendung einer aufwendigen Luftlagerung verzichtet werden, da die Ablauffehler einer Wälzlagerung bei geringen Verfahrwegen ebenfalls geringer werden. Ein weiterer Vorteil der verwendeten Präzisionsschienenführungen ist die hohe Steifigkeit, welche eine wesentliche Zielgröße bei der Auslegung der Y-Achse darstellte. Durch die Anordnung der Linearführungen auf der Ebene der Mittelachse konnten die Hebelarme zum Prozess reduziert werden, was in geringeren Verlagerungen und Verkippungen und damit Fehlern resultiert. Um ebenfalls eine hohe Steifigkeit in Vorschubrichtung zu erzielen, ist eine Rollengewindespindel der Baugröße 40 eingesetzt, welche eine Steigung von 1 mm aufweist und hierdurch eine hochgenaue Positionierung der Achse zulässt. Weiterhin ist der Antrieb in der Achsmitte angeordnet, um einen kurzen und direkten Kraftfluss zur Reduzierung von fehlerverstärkenden Verkippungen zu ermöglichen. Das zur Lageregelung notwendige Messsystem mit einer Systemgenauigkeit von ±0,5 µm ist ebenfalls nah an der Ebene der Mittelachse angeordnet, um eine hohe Genauigkeit der gesamten Achse zu erzielen.

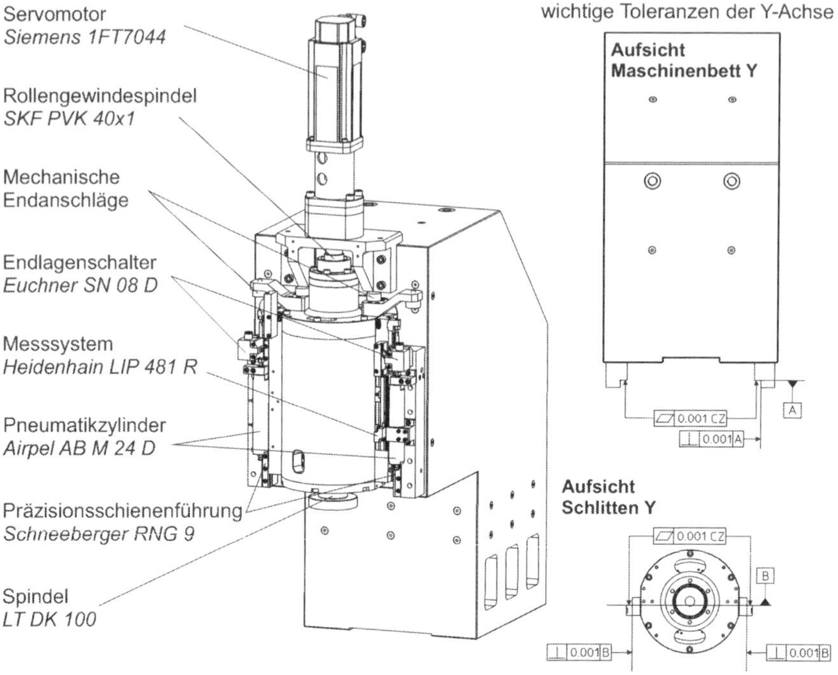

Bild 5.14: Y-Achse zur Spanflächenbearbeitung

Y-axis for rake surface machining

Wie in Bild 5.14 dargestellt, wurden die Anschraubflächen der Führungen im montierten Zustand nachgearbeitet, um eine hohe Genauigkeit zu erzielen. Ebenso wurden die entsprechenden Gegenstücke am Maschinenbett nachgearbeitet. Hierbei wurden die gleichen Toleranzen zu Grunde gelegt. Zusätzlich kann die luftgelagerte Spindel über den Befestigungsflansch am rohrförmigen Spindelgehäuse in radialer Richtung ausgerichtet werden. Ein weiteres konstruktives Detail sind die reibungsarmen Pneumatikzylinder, welche zur Homogenisierung der Verfahrbewegung in beiden Verfahrrichtungen dienen, indem sie das Gewicht der bewegten Massen ausgleichen. Durch ein Präzisionsdruckregelventil kann die notwendige Kraft der Pneumatikzylinder genau eingestellt werden.

5.2.5 Konstruktion der Z'-Achse

Design of the Z'-axis

Die Z'-Achse, deren konstruktive Details in Bild 5.15 dargestellt sind, ist ein wesentliches Alleinstellungsmerkmal der entwickelten Diamantschleifmaschine im Vergleich zu bereits bestehenden Maschinen dieser Art, da mit ihrer Hilfe die Möglichkeit gegeben wird, Diamantwerkzeuge mit asphärischer Schneidengeometrie herzustellen.

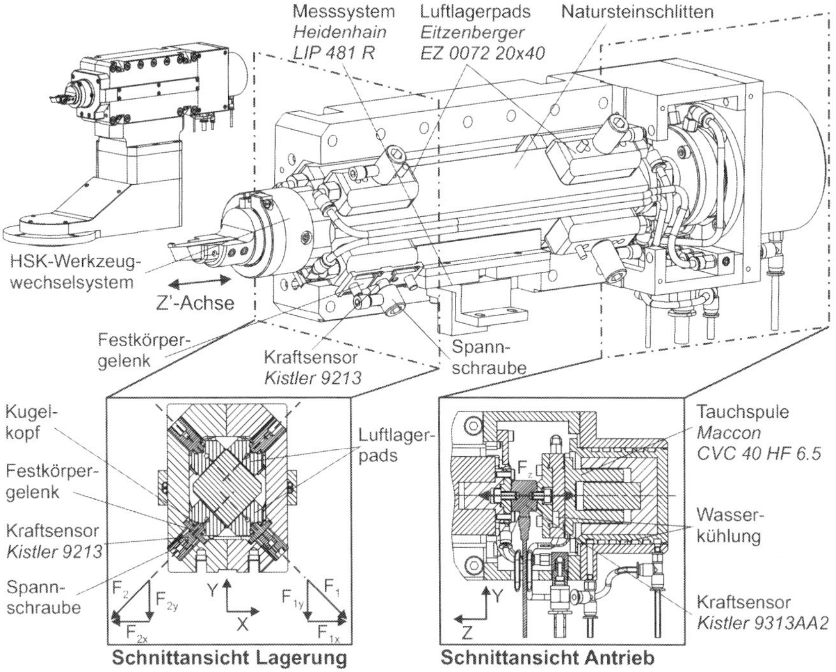

Bild 5.15: Aufbau der Z'-Achse

Layout of the Z'-axis

Auf Grund der kinematischen Randbedingungen muss diese Achse in Abhängigkeit der Winkelstellung der B-Achse hochgenau zugestellt werden. Jedoch ist hierfür nur ein geringer Hub erforderlich, welcher hier auf 5 mm begrenzt ist. Basierend auf den vorgegebenen Randbedingungen wurde für die Lagerung eine Luftlagerung gewählt, die aus acht Standardluftlagerpads mit einer Lagerfläche von 20x40 mm² besteht, wie die Schnittansicht in Bild 5.15 zeigt. Mit diesen Lagerpads wird ein rechteckiger Schlitten aus Naturstein geführt, dessen Führungsflächen hochpräzise zur Erzielung einer hochgenauen Achse bearbeitet sind. Der Antrieb wurde mittels einer im hinteren Teil der Achse angeordneten Tauchspule realisiert, so dass sich ein koaxialer Antrieb ergibt, welcher die Fehlereinflüsse reduziert. Dieses Konzept wurde auch bei der Anbindung des Linearmesssystems mit einer Systemgenauigkeit von ±0,5 µm durch eine Anordnung in der Mitte der Achse weiterverfolgt. Weiterhin wurde für das

Messsystem der gleiche Typ wie für die Y-Achse gewählt, um die gleiche Genauigkeitsklasse zu erzielen.

Bei der Auslegung und Konstruktion der Z'-Achse wurde ein besonderer Schwerpunkt auf das thermische Verhalten der Achse gelegt. Zunächst kann durch die Verwendung eines Schlittens aus Naturstein die thermische Dehnung des Antriebsstrangs der Z'-Achse reduziert werden. Da die Z'-Achse zur Bearbeitung des Diamantwerkzeugs über einen längeren Zeitraum kontinuierlich betrieben wird, ist die Wärmeentwicklung der Tauchspule nicht zu vernachlässigen. Dieser Effekt wurde durch die Umsetzung zweier konstruktiver Details mit dem Ziel berücksichtigt, die Wärmeübertragung auf den Schlitten und das Gehäuse, welches die Luftlager beinhaltet, zu reduzieren. Zum einen ist die Tauchspule räumlich vom Gehäuse über Abstandshalter getrennt, so dass zwischen dem Gehäuse und der Tauchspule Luft zirkulieren kann. Zum anderen ist sowohl das Gehäuse als auch die Anbindung von Spulenkörper und Schlitten wassergekühlt. Durch diese Maßnahmen ist das Gehäuse mit den Luftlagern von der Antriebsbaugruppe thermisch getrennt.

Zusätzlich sind piezobasierte Kraftsensoren in die Z'-Achse integriert, um die beim Diamantschleifen relevanten Prozesskräfte aufnehmen zu können. Der Kraftsensor zur Erfassung der Zustellkräfte der Z'-Achse ist zwischen dem Schlitten und der Tauchspule angeordnet, um die Prozesskräfte direkt im Kraftfluss mit einer Auflösung von 1 N aufzunehmen. Die Kraftsensoren zur Erfassung der Prozesskräfte in x- und y- Richtung sind in die Aufnahmen der unteren vorderen Luftlager integriert. Durch die genannten konstruktiven Ausführungen der Integration der Kraftsensoren ist eine den Randbedingungen entsprechende direkte im Kraftfluss befindliche Erfassung der Prozesskräfte in allen drei Koordinatenrichtungen möglich.

Zur Abschätzung der Fehler, welche durch die Z'-Achse hervorgerufen werden, wurde eine Berechnung auf Grundlage der Steifigkeiten der Luftlager und den geometrischen Randbedingungen durchgeführt. Bild 5.16 zeigt das Berechnungsmodell, welches zunächst die auf das Koordinatensystem der Z'-Achse bezogenen Prozesskräfte $F_{x''}$ und $F_{y''}$ gemäß den folgenden Gleichungen in resultierende Lagerkräfte überführt. Dadurch kann berücksichtigt werden, dass die Z'-Achse auf der A- und B-Achse der Maschine montiert ist und damit über die Winkelverstellungen dieser Achsen im Raum positioniert wird.

$$F_{1x'} = F_{x''}\left(1+\frac{a}{b}\right) \tag{5.23}$$

$$F_{2x'} = -F_{x''}\frac{a}{b} \tag{5.24}$$

$$F_{1y'} = \frac{mg\cos\alpha(b-c)+F_{y''}(a+b)}{b} \tag{5.25}$$

$$F_{2y'} = \frac{mgc\cos\alpha - F_{y''}a}{b} \tag{5.26}$$

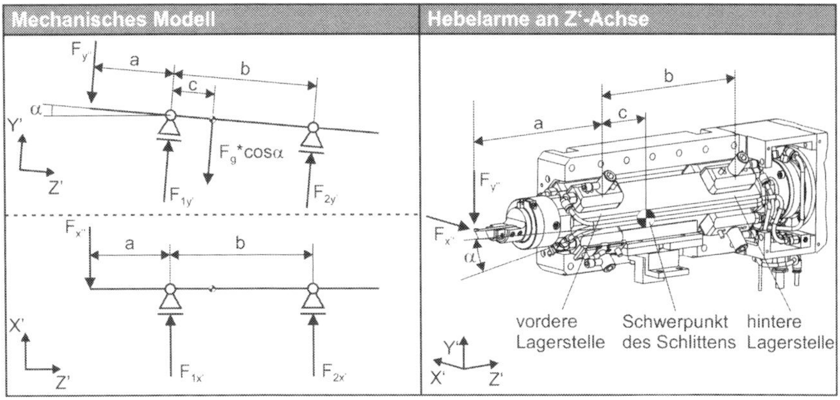

Bild 5.16: Lagerkräfte an der Z'-Achse

Bearing forces at the Z'-axis

Unter Berücksichtigung der Steifigkeit der Lager kann die Verlagerung an den Lagerstellen berechnet werden.

$$\Delta l_{i,j,x',y'} = \frac{F_{i,j,x',y'}}{k_{i,j}} \tag{5.27}$$

Unter der Annahme eines ideal steifen Schlittens kann daraus auf die Verlagerung am TCP geschlossen werden, wie es in Bild 5.17 skizziert ist. Hierbei ist zu beachten, dass die Verlagerungen zunächst im relativen Koordinatensystem der Z'-Achse berechnet und anschließend mittels einer Koordinatentransformation in Verlagerungen im Maschinenkoordinatensystem in Abhängigkeit der Winkelstellungen der A- und B-Achse überführt wurden.

$$\varphi_{x',y'} = \arctan\left(\frac{\left|\Delta l_{i,x',y'} - \Delta l_{j,x',y'}\right|}{b}\right) \tag{5.28}$$

$$\Delta x', y' = \Delta l_{1,x',y'} + (a+b)\sin\varphi_{y',x'} \tag{5.29}$$

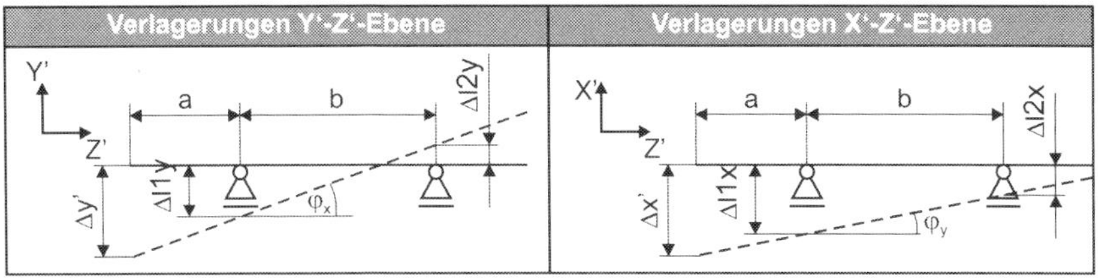

Bild 5.17: Verlagerungen des Schlittens

Carriage shifts

Die errechneten Verlagerungen und Verkippungen am TCP bezogen auf das Maschinenkoordinatensystem sind in Bild 5.18 für zwei repräsentative Lastfälle aufgetragen. Als weitere Randbedingungen ergaben sich aus der Konstruktion a = 105,54 mm, b = 125 mm und c = 46,06 mm sowie eine Steifigkeit jeder Lagerstelle von 63 N/µm in beide Achsrichtungen x und y. Von besonderem Interesse sind hierbei die Ergebnisse für den zweiten Lastfall, da mit diesem die zu erwartenden Bearbeitungsergebnisse für die Endbearbeitung des Diamantwerkzeugs abgeschätzt werden können. Die maximalen Verlagerungen, welche nur bei bestimmten Winkelstellungen der A- und B-Achse auftreten, liegen signifikant unter 1 µm. Zusätzlich muss berücksichtigt werden, dass die Verlagerungen in x- und y-Richtung von untergeordneter Bedeutung sind, da das Bearbeitungswerkzeug eine Schleifscheibe ist, die sich in der x-y-Ebene befindet. Folglich wird durch eine Verlagerung lediglich der Eingriffspunkt des Diamantwerkzeugs an der Schleifscheibe verschoben, was jedoch keinen Einfluss auf das Bearbeitungsergebnis hat. Im Gegensatz dazu kann der Einfluss der relevanten Verlagerung in z-Richtung durch eine geeignete Prozessführung und die integrierte Messung des Diamantwerkzeugs minimiert werden.

Lastfall 1	**Lastfall 2**
F_x = 20 N	F_x = 5 N
F_y = 20 N	F_y = 5 N
F_z = 10 N	F_z = 2 N

		Verlagerungen und Verkippungen	
		Lastfall 1	Lastfall 2
Δx_max	[µm]	0,587	0,147
Δy_max	[µm]	-0,203	0,025
Δz_max	[µm]	0,292	0,058
Δφx_max	[µrad]	6,437	1,316
	[sec]	1,328	0,271
Δφy_max	[µrad]	6,828	1,707
	[sec]	1,408	0,352

Bild 5.18: Verlagerungen und Verkippungen an der Z'-Achse

Shifts and tilts at the Z'-axis

Bezüglich der Verkippungen kann anhand der Berechnungsergebnisse gezeigt werden, dass diese unter den für die Z'-Achse geforderten 1" bei dem für die Feinbearbeitung relevanten Lastfall 2 liegen. Aus diesem Grund kann die für die Diamantschleifmaschine konstruierte Z'-Achse als geeignete Achse für die angestrebte Aufgabe der Diamantwerkzeugbearbeitung angesehen werden.

5.2.6 Konstruktion der Messvorrichtung

Design of the measuring device

Die Diamantschleifmaschine verfügt über ein Messsystem, welches auf einem Weißlichtinterferometer basiert und zur maschinenintegrierten Messung des Diamantwerkzeugs dient. Dadurch ist es möglich, das Diamantwerkzeug zwischen den einzelnen Bearbeitungsschritten und zur Endkontrolle zu messen, ohne das Werkzeug ausspannen zu müssen, was zu einer wesentlich höheren Genauigkeit der gesamten

Bearbeitung und damit des Diamantwerkzeugs führt. Mit einer Linearachse in X-Richtung und einer Hubachse in Y-Richtung kann das Messsystem positioniert und die Fokuslage eingestellt werden.

Um die Bearbeitungsgenauigkeit zu steigern, wurde ein Prozessablauf gewählt, bei welchem die A-Achse auf den zu fertigenden Frei- bzw. Spanwinkel eingestellt und anschließend in dieser Position geklemmt wird. Auf Grund der Tatsache, dass die optische Achse des Weißlichtinterferometers senkrecht zur zu messenden Oberfläche ausgerichtet sein muss, ist eine Schwenkeinrichtung für das Positioniersystem des Messsystems Bestandteil des Maschinensystems (Bild 5.19). Hauptkomponenten des Schwenkantriebs sind ein Servomotor und ein optisches Winkelmesssystem, so dass der Schwenkantrieb auf die gleiche Winkelposition wie die A-Achse verfahren werden kann.

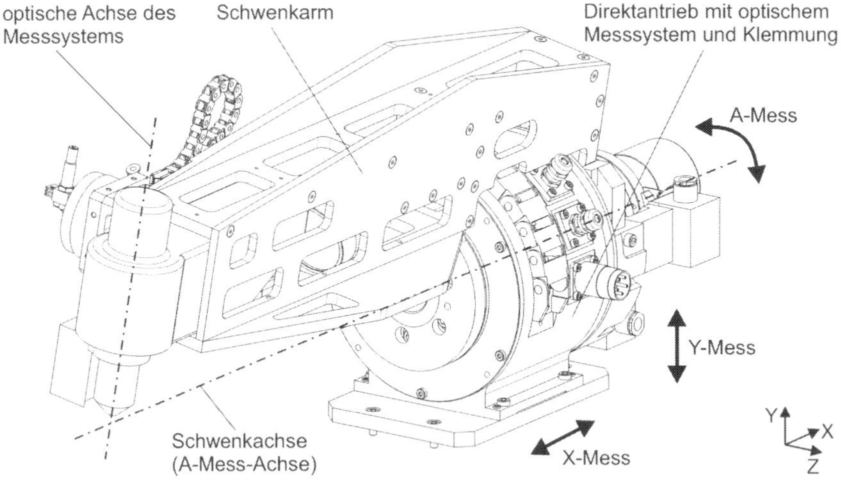

Bild 5.19: Schwenkantrieb des Messsystems

Swivel actuator of the measuring device

6 Charakterisierung der Diamantbearbeitungsmaschine

Characterization of the diamond grinding machine

In diesem Kapitel wird die Charakterisierung der Diamantbearbeitungsmaschine nach deren Inbetriebnahme beschrieben. Die messtechnische Charakterisierung der Maschine teilt sich dabei zum einen in die geometrische Charakterisierung im unbelasteten Fall der Achsen und Verfahrbewegungen auf. Zum anderen wird die statische und dynamische Nachgiebigkeit der Maschine unter den auftretenden Prozesskräften erfasst. Das Ziel der Charakterisierung der Diamantbearbeitungsmaschine in dieser Arbeit ist nicht eine umfangreiche und ganzheitliche Erfassung aller geometrischen, statischen und dynamischen Einflussgrößen und Fehler. Da der Fokus dieser Arbeit auf der Fertigung von Diamantwerkzeugen liegt und die Maschine zur Fertigung neuer Geometrien und zur Durchführung von Prozessuntersuchungen aufgebaut wurde, werden an dieser Stelle nur die Größen charakterisiert, welche einen unmittelbaren Einfluss auf die Geometriemerkmale der Diamantwerkzeuge haben.

6.1 Geometrische Charakterisierung

Geometrical characterization

Zur Bestimmung der Leistungsfähigkeit und Genauigkeit der Maschine wurden wichtige Baugruppen des Maschinensystems gemessen. Ein Gütekriterium für Diamantwerkzeuge ist die Schneidkantenwelligkeit. Da die Kontur der Schneidkante durch die B-Achse abgefahren wird, ist die Rundlaufgenauigkeit der B-Achse von entscheidender Bedeutung bezüglich der Schneidkantenwelligkeit. Die B-Achse ist eine luftgelagerte Rundachse mit Flachriemenantrieb, wie in Bild 6.1 gezeigt. Mit einer Präzisionskugel und drei gemäß den Raumrichtungen angebrachten kapazitiven Wegaufnehmern kann der Rundlauf der Achse gemessen werden.

Wie anhand des Messschriebs abgelesen werden kann, beträgt der Rundlauf über eine volle Umdrehung von 360° der Achse 0,08 µm. Gemäß der Anforderungsliste (Tabelle 4.1) sollen Werkzeuge mit einem Öffnungswinkel von maximal 120° mit der Maschine gefertigt werden. Da der Öffnungswinkel ebenfalls mit der B-Achse eingestellt wird, muss die B-Achse im Prozess um maximal 120° verfahren werden. In diesem Bereich beträgt der Rundlauffehler 0,06 µm.

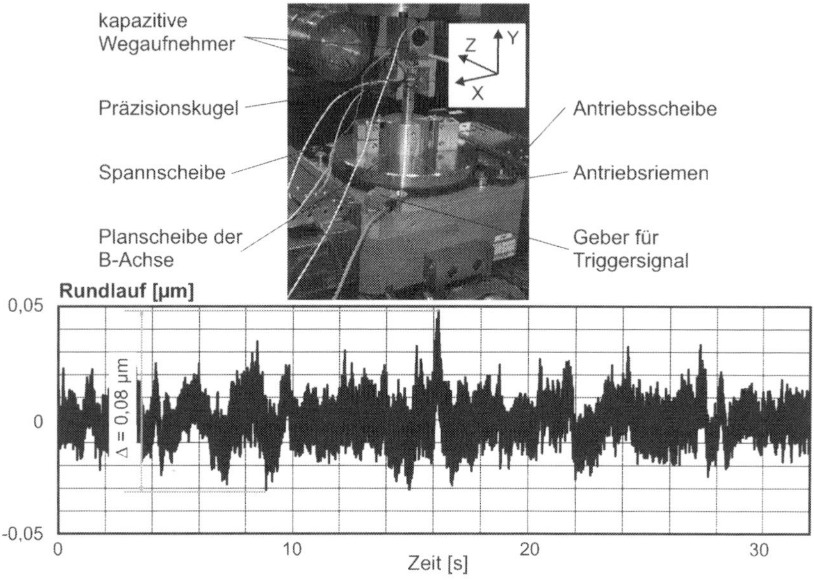

Bild 6.1: Rundlauf der B-Achse

Radial runout of the B-axis

Für die Herstellung einer hochgenauen und definierten Kontur für die Schneidkante des Diamantwerkzeugs ist der Planlauf der Schleifscheibe besonders wichtig. Der Planlauf an der Schleifscheibe ergibt einen Fehler in Z-Richtung und ist eine Überlagerung der Planlauffehler und Taumelfehler der C-Achse, der Spindel und der Schleifscheibe. Zur Identifizierung der einzelnen Fehler wurde, wie in Bild 6.2 skizziert, an zwei verschiedenen Stellen in Z-Richtung mit einem kapazitiven Wegaufnehmer gemessen. An Messposition P_1 wird lediglich der Planlauf der C-Achse aufgenommen. Unter Berücksichtigung des großen Hebelarms zum Drehzentrum und der durch Drehen hergestellten Oberfläche der Planscheibe kann der Wert von 2,5 µm als gut angesehen werden. An Messposition P_2 liegt der Eingriffspunkt des Diamantwerkzeugs während des Schleifprozesses. Dort haben der Planlauffehler der C-Achse als auch der Planlauffehler der Schleifspindel einen Einfluss auf den Bearbeitungsprozess. Beide addieren sich zum gesamten Fehler Δz beim Bearbeitungsprozess, weswegen beide ermittelt wurden. Der Planlauffehler der Schleifspindel liegt mit einem Wert von 0,07 µm in einem Bereich, welcher typischerweise bei luftgelagerten Spindeln im UP-Bereich vorzufinden ist. Mit 0,07 µm ist er um 0,02 µm etwas höher als er für die gewählte Spindel und vergleichbare Spindeln im UP-Bereich spezifiziert ist. Dies lässt sich dadurch erklären, dass der spezifizierte Planlauffehler im Drehzentrum der Spindel gemessen wird. Der Messpunkt P_2 liegt jedoch außerhalb der Spindelmitte, so dass über den Hebelarm zum Drehzentrum eine leichte Verstärkung des Fehlers zu verzeichnen ist. Am Messpunkt P_2 erzeugt die C-Achse eine Verlagerung von 2,5 µm bei einer Umdrehung. Insgesamt ergibt sich demnach eine gesamte Verlagerung in z-Richtung von 2,57 µm am Bearbeitungspunkt. Für eine hochgenaue Bearbeitung sollte die Verlagerung unter 1 µm betragen. Da jedoch bei der Bearbeitung monokristalliner Diamantwerkzeuge nur eine Schnittrichtung zum Beginn des Prozesses eingestellt werden muss, wird im Prozess nicht mit einer kontinuierlich rotierenden C-Achse gearbeitet. Folglich ist hierbei nur der Planlauffehler der Schleifspindel entscheidend, welcher ausreichend gering ist. Daher ist die Eignung des aufgebauten Maschinensystems für die Bearbeitung monokristalliner Diamantwerkzeuge gegeben. Für den Nutzen als Prüfstand ist jedoch eine Möglichkeit zur kontinuierlichen Rotation der C-Achse wichtig.

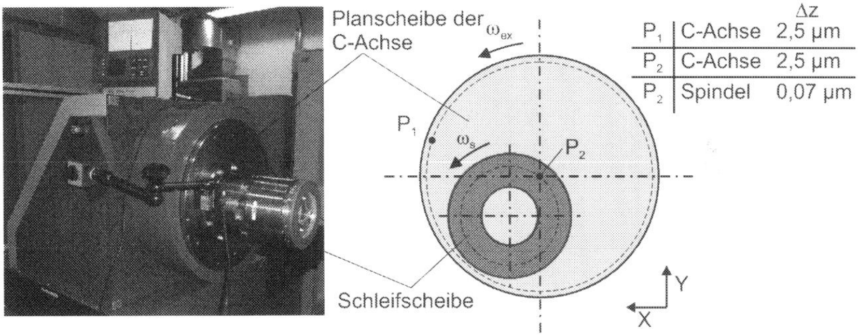

Bild 6.2: Planlauf der C-Achse und der Spindel
Axial runout of the C-axis and the spindle

Um bei der Bearbeitung monokristalliner Diamantwerkzeuge mit fest eingestellter C-Achse einen gleichmäßigen Verschleiß an der Schleifscheibe zu erhalten, kann über eine Oszillation der X-Achse der gesamte Belag der Schleifscheibe ausgenutzt werden. Über die Belagbreite der Schleifscheibe von 20 mm weist die X-Achse einen Geradheitsfehler in z-Richtung von 0,6 µm auf. Insgesamt ergibt sich dann in Kombination mit dem Planlauffehler der Schleifspindel ein Gesamtfehler in z-Richtung von 1,3 µm. Um für den finalen Schliff der Werkzeugkontur eine höhere Genauigkeit mit einem Fehler von unter 1 µm zu erhalten, kann dieser Schliff ohne Oszillation der X-Achse durchgeführt werden, so dass nur der Planlauffehler der Schleifscheibe auftritt.

6.2 Statische und dynamische Charakterisierung

Static and dynamic characterization

Zur statischen und dynamischen Charakterisierung des Maschinensystems wurden Nachgiebigkeitsfrequenzgänge aufgenommen. Da einzelne Baugruppen wie zum Beispiel die Z'-Achse des Maschinensystems zur Realisierung der erforderlichen Kinematik verhältnismäßig klein aufgebaut sind, wurde das Maschinensystem zur Ermittlung der Nachgiebigkeitsfrequenzgänge mit einem Impulshammer angeregt. Bei der Anregung mit einem Piezoaktor ist eine höhere Vorspannung zur Erzielung guter

Messergebnisse notwendig, welche auf einzelne Baugruppen nicht aufgebracht werden kann. Daher wurden die Teilsysteme Schleifspindel mit C- und X-Achse, Läppspindel mit Y-Achse und der Werkzeughalter mit Z-, A-, B- und Z'-Achse unabhängig voneinander gemessen. Zudem wurden nur die sensitiven Richtungen an den im Prozess gebräuchlichen Bearbeitungspositionen gemessen. An der Schleifspindel ist dies die z-Richtung, an der Läppspindel die y-Richtung und am Werkzeughalter alle drei Raumrichtungen. Um eine bessere Messgüte zu erhalten, wurden für jeden Nachgiebigkeitsfrequenzgang zwei verschiedene Messungen zur Abdeckung des Frequenzbereichs bis 2000 Hz durchgeführt. Bis zu einer Frequenz von 200 Hz wurde mit einem Impulshammer mit Gummispitze angeregt und die Verlagerungen mit einem kapazitiven Sensor gemessen. Ab einer Frequenz von 200 Hz wurde mit einem Impulshammer mit Kunststoffspitze angeregt und die Verlagerungen mit einem Beschleunigungsaufnehmer gemessen. Dies ist in den jeweiligen Bildern entsprechend dargestellt.

Der Nachgiebigkeitsfrequenzgang Gzz an der Schleifspindel ist in Bild 6.3 dargestellt. Die statische Nachgiebigkeit in Höhe von 0,04 µm/N kann für das betrachtete Maschinensystem als gut angesehen werden, insbesondere unter Berücksichtigung der Prozesskräfte. Das Maschinensystem wurde auf Prozesskräfte bis 10 N ausgelegt, wobei die Prozesskräfte bei einer feinen Endbearbeitung nur bis zu 5 N betragen können. In Bezug auf die dynamische Nachgiebigkeit verhält sich das Maschinensystem deutlich schlechter. Eine erste ausgeprägte Nachgiebigkeit ist bei 50 Hz zu beobachten.

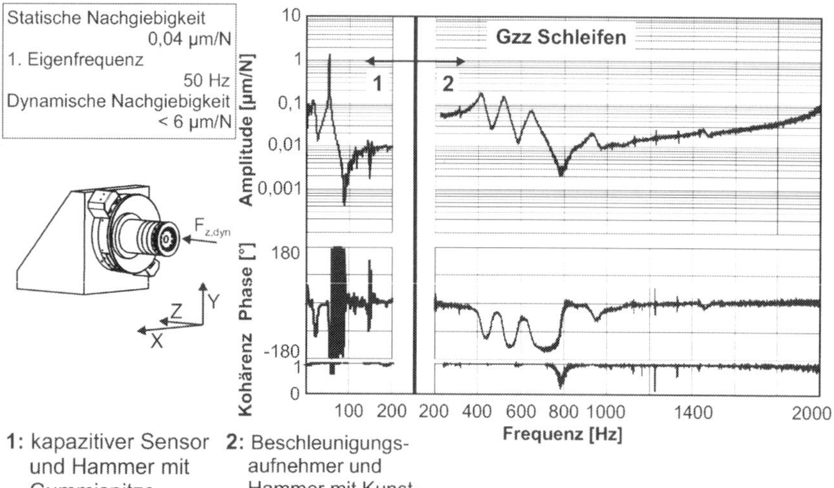

Bild 6.3: Nachgiebigkeitsfrequenzgang in z-Richtung Gzz an der Spindel 1

Frequency response in z direction Gzz at spindle 1

Da diese als kritisch anzusehen ist, wurden diesbezüglich weitere detaillierte Messungen vorgenommen, um die Ursache dieser hohen Nachgiebigkeit zu lokalisieren. Die Gegenüberstellung der Nachgiebigkeitsfrequenzgänge mit freier und geklemmter X-Achse, wie in Bild 6.4 aufgeführt, zeigt, dass die Nachgiebigkeit auf die Lagerung der X-Achse zurückzuführen ist. Unterstrichen wird dies durch den skizzierten Aufbau aus X-Achse, C-Achse und Schleifscheibe. Die Luftlagerung der X-Achse steht senkrecht zur Anregungsrichtung und wird über die relativ großen Hebelarme zwischen Lagerung und Anregungspunkt ungünstig belastet. Zusätzlich liegt der Schwerpunkt aus C-Achse und Spindel nicht mittig auf der Lagerung, so dass sich zusätzliche ungünstige Verhältnisse ergeben.

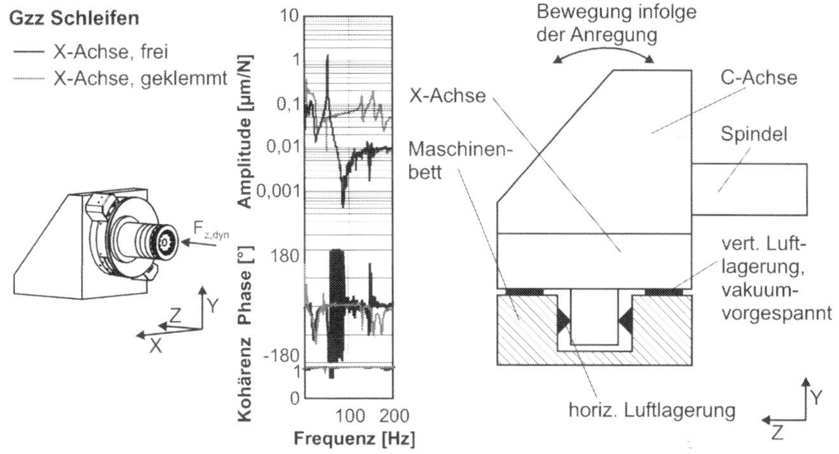

Bild 6.4: **Analyse der ersten Eigenfrequenz**

Analysis of the first eigenfrequency

Als zentraler Schwachpunkt der X-Achse ist jedoch die Lagerung selbst zu identifizieren. Sie besteht aus einer horizontalen und vertikalen Luftlagerung. Hierbei ist die vertikale Luftlagerung als vakuumvorgespannte Lagerung ausgeführt. Dies führt zu einer geringen Steifigkeit in dieser Richtung, da die Vakuumvorspannung prinzipbedingt auf Grund des äußeren Luftdrucks limitiert ist. Obwohl die horizontale Luftlagerung gegenseitig vorgespannt ist, wodurch sich höhere Steifigkeiten erzielen lassen, ist ihr Einfluss begrenzt. Dies ist in der schmalen Ausführung des Führungsschwertes zur X-Achse begründet. Alles zusammengenommen führt zu einer Rollbewegung der X-Achse, welche sich über die Hebelarme zum TCP verstärkt und so die hohe Nachgiebigkeit bedingt. Insgesamt betrachtet wäre für das System X-Achse, C-Achse und Spindel eine konstruktive Nacharbeit zur Verbesserung der dynamischen Eigenschaften notwendig. Da jedoch dieses gesamte System zugekauft wurde, können die konstruktiven Nacharbeiten nicht im Rahmen dieser Arbeit durchgeführt werden. Die Lösung zur Unterdrückung der hohen Nachgiebigkeit bei 50 Hz ist in Bild 6.4 enthalten. Für den letzten Schleifvorgang zur Erzielung der finalen Kontur der Diamantwerkzeuge kann die X-Achse geklemmt werden, so dass die erforderliche Genauigkeit erreicht werden kann. Daher kann die Maschine in der vorliegenden Ausführung für die weiteren Schritte in dieser Arbeit verwendet werden.

Für die sensitive Richtung bei der Läppbearbeitung ist der Nachgiebigkeitsfrequenzgang Gyy der Läppspindel und der Y-Achse in Bild 6.5 aufgetragen. Die statische Nachgiebigkeit ist mit 0,032 µm/N etwas niedriger als bei der Schleifspindel, liegt jedoch in der gleichen Größenordnung. Ein deutlicher Unterschied ist bezüglich der dynamischen Nachgiebigkeit zu beobachten. Zum einen liegt die erste Eigenfrequenz höher bei 90 Hz, zum anderen ist die Amplitude an dieser Eigenfrequenz mit 0,2 µm/N wesentlich geringer ausgeprägt. Im Unterschied zur Schleifspindel ist die Läppspindel auf nur einer Achse montiert (Y-Achse), welche zudem wälzgelagert ist. Dadurch ist die gegenseitige Anregung an der Läppspindel wesentlich geringer, und die dynamische Nachgiebigkeit hängt in erster Linie von der luftgelagerten Spindel ab.

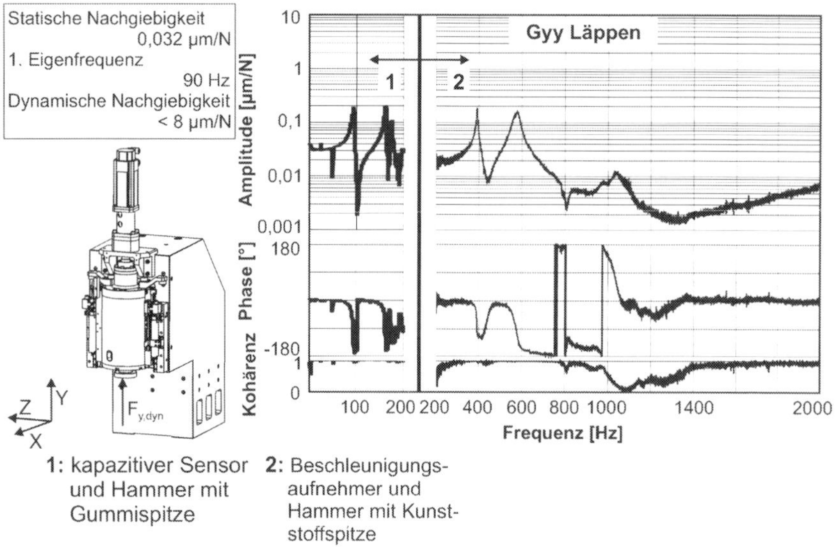

Bild 6.5: Nachgiebigkeitsfrequenzgang in y-Richtung Gyy an der Läppspindel

Frequency response in y direction Gyy at the lapping spindle

Durch weitere Messungen konnte bestätigt werden, dass die Eigenfrequenzen im Wesentlichen auf die luftgelagerte Spindel zurückzuführen sind. Dies kann auf Grund der konstruktiven Lösung erklärt werden. Die Spindel ist an ihrer Stirnfläche mit einem Flansch am Schlittenrohr der Y-Achse angeschraubt. Dadurch ist eine schwingende Masse der Spindelrotor, die weitere schwingende Masse die Spindel selbst und eine dritte schwingende Masse das Schlittenrohr. Insbesondere konnte durch weitere Messungen ermittelt werden, dass die beiden Eigenfrequenzen bei knapp 400 Hz und 600 Hz auf die Spindel zurückzuführen sind. Eine weitere Auffälligkeit ist, dass alle Eigenfrequenzen eine ähnlich hohe Amplitude und damit Nachgiebigkeit aufweisen. Für den Prozess können alle diese Eigenschaften als unkritisch betrachtet werden, da die anregende Frequenz unter 40 Hz liegt

Die Nachgiebigkeitsfrequenzgänge des Teilsystems Werkzeughalter sind in Bild 6.6, Bild 6.7 und Bild 6.8 aufgeführt. In x-Richtung weist das Teilsystem Werkzeughalter mit 0,7 µm/N eine geringere statische Nachgiebigkeit als in y-Richtung auf, welche hier bei 1,7 µm/N liegt. Die statische Nachgiebigkeit ist demnach an diesem Teilsystem höher als an den beiden Spindeln, was sich aus den geringeren Baugrößen und damit einhergehenden geringeren Steifigkeiten am System Werkzeughalter erklären lässt. In Gxx tritt die erste Eigenfrequenz bei 120 Hz auf, die jedoch nicht besonders ausgeprägt ist. Insgesamt ist die dynamische Nachgiebigkeit in x-Richtung mit einer maximalen Amplitude von 1,2 µm/N in einem Bereich bis 200 Hz gut. Die erste Eigenfrequenz in y-Richtung tritt bei einer Frequenz von 131 Hz auf und ist mit einer Nachgiebigkeit von 3 µm/N höher als in x-Richtung. Da die Z'-Achse bezüglich der Lagerung und des Schlittens nahezu symmetrisch aufgebaut ist, kann hieraus der Grund dafür abgeleitet werden, dass die ersten Eigenfrequenzen im gleichen Bereich liegen. Ab einer Frequenz von 200 Hz ist die dynamische Steifigkeit in y-Richtung höher als in x-Richtung und weist in diesem Bereich auch geringere Schwankungen auf. Während des Schleifprozesses zur Konturierung eines Diamantwerkzeugs ist eine Verlagerung in y-Richtung nicht relevant, da diese Verlagerung in diesem Fall parallel zur Schleifscheibe erfolgt. Eine Verlagerung in x-Richtung führt zu einem Bearbeitungsfehler an den Außenseiten einer Werkzeugkontur bei geschwenkter B-Achse. Daher ist die geringere Nachgiebigkeit im unteren Frequenzbereich in x-Richtung wichtiger für den Bearbeitungsprozess.

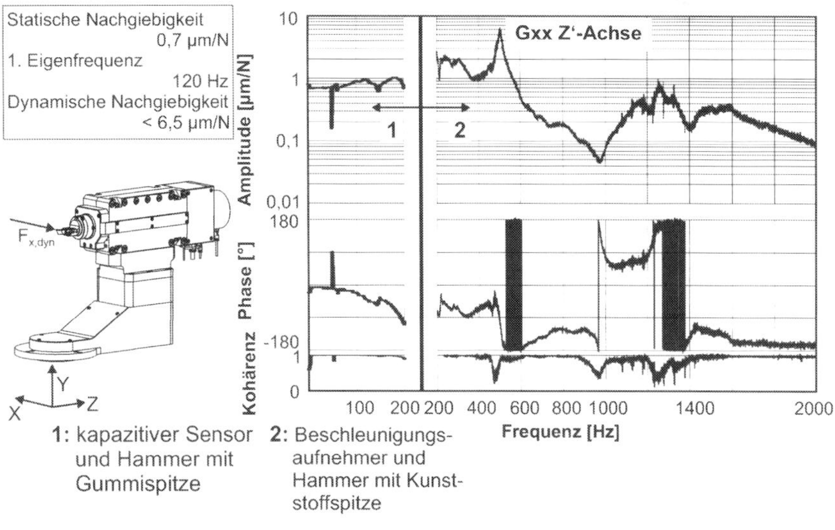

Bild 6.6: Nachgiebigkeitsfrequenzgang in x-Richtung Gxx an der Z'-Achse

Frequency response in x direction Gxx at the Z'-axis

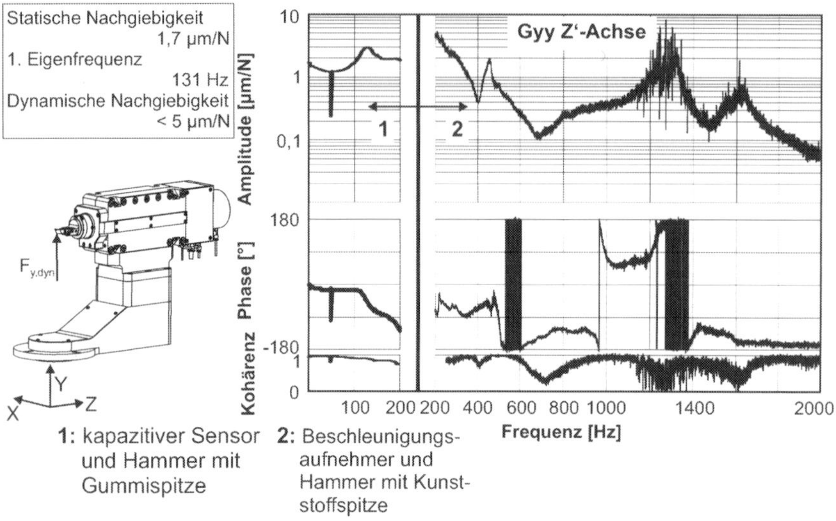

Bild 6.7: Nachgiebigkeitsfrequenzgang in y-Richtung Gyy an der Z'-Achse

Frequency response in y direction Gyy at the Z'-axis

Obwohl das Teilsystem Werkzeughalter neben der Z'-Achse auch aus den Achsen B, A und Z besteht, welche ebenfalls in der Messung berücksichtigt sind, kann auf Grund der geringeren Baugröße und infolgedessen geringeren Steifigkeit der Z'-Achse davon ausgegangen werden, dass die gemessenen Nachgiebigkeitsfrequenzgänge am Teilsystem Werkzeughalter überwiegend die Z'-Achse abbilden. Die Nachgiebigkeiten in beiden Richtungen ab einer Frequenz von 200 Hz sind zudem für die Bearbeitung nicht relevant und daher als nicht kritisch anzusehen. Weiterhin ist in beiden Nachgiebigkeitsfrequenzgängen eine Störung der Messung durch die Netzfrequenz von 50 Hz zu erkennen.

Im Gegensatz zu den Nachgiebigkeitsfrequenzgängen Gxx und Gyy verhält sich die Z'-Achse in z-Richtung grundlegend anders (siehe Bild 6.8). Die statische Nachgiebegkeit ist verhältnismäßig hoch, und die dynamische Nachgiebigkeit fällt mit steigender Frequenz nur langsam ab, weswegen hier nur der Bereich bis 200 Hz dargestellt ist. Dies ist auf die Reglerabstimmung der Z'-Achse zurückzuführen. Der Regelkreis der Z'-Achse reagiert auf eine Störkraft langsam, so dass eine Korrektur zum Anfahren der Sollposition der Z'-Achse stark verzögert wirkt, und damit zu einer Einfederung der Z'-Achse beim Aufbringen einer Störkraft führt. Durch dieses Verhalten können eventuell vorhandene Eigenfrequenzen im Frequenzbereich bis 1000 Hz nicht aufgelöst werden.

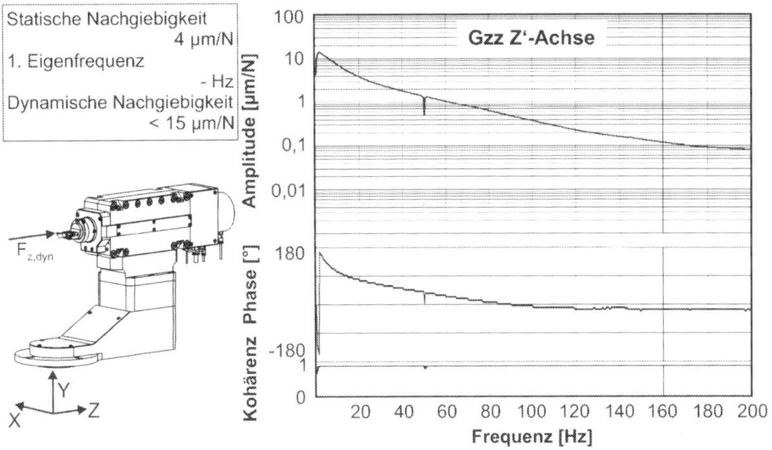

Bild 6.8: Nachgiebigkeitsfrequenzgang in z-Richtung Gzz an der Z'-Achse

Frequency response in z direction Gzz at the Z'-axis

Bei der Bearbeitung von monokristallinem Diamant ist dieses Verhalten jedoch von Vorteil, insbesondere wenn kleine filigrane Diamantwerkzeuge bearbeitet werden. Durch das Einfedern der Z'-Achse beim ersten Kontakt zwischen Schleifscheibe und Werkzeug kann ein vorsichtiger Erstkontakt umgesetzt werden. Im Anschluss daran wird die Bearbeitungskraft durch den Antrieb der Z'-Achse aufgeprägt, da nun die Sollposition angefahren wird. Erst wenn diese erreicht ist, baut sich die Bearbeitungskraft ab.

Die statische und dynamische Charakterisierung des Maschinensystems zeigt, dass die Maschine den richtigen Kompromiss zur Bearbeitung von monokristallinen Diamantwerkzeugen darstellt. Zur Erzeugung der Werkzeugkontur und zur Bearbeitung von monokristallinem Diamant ist eine relativ große Anzahl von Maschinenachsen notwendig. Weiterhin erfordern die zu fertigenden Geometrien eine gute Zugänglichkeit zum Diamantwerkzeug. Diese beiden Restriktionen führen dazu, dass die Maschine im Bereich der Werkzeugaufnahme kompakt und mit kleinen Baugrößen ausgelegt ist. Dadurch ist die Steifigkeit in diesem Bereich begrenzt, und führt folglich zu höheren Nachgiebigkeiten. Jedoch liegen diese wie anhand der gemessenen Nachgiebigkeitsfrequenzgänge gezeigt wird in einem ausreichenden Bereich, da die Prozesskräfte bei der Endbearbeitung im unteren einstelligen Newtonbereich liegen. Zusammenfassend kann festgehalten werden, dass das Maschinensystem für die angestrebten Bearbeitungsaufgaben geeignet ist.

7 Prozessvalidierung zur Herstellung asphärischer Diamantwerkzeuge

Process validation for machining diamond tools with free-form cutting edges

Kapitel 7 beinhaltet die Validierung des Schleifprozesses mit der aufgebauten Diamantbearbeitungsmaschine. Da sowohl die Maschine ein Prototyp ist und der Schleifprozess zur Konturierung bisher wenig wissenschaftlich untersucht wurde, werden zunächst wichtige Einflussfaktoren systematisch ermittelt. Für die Ermittlung auftretender Prozesskräfte werden die in die Maschine integrierten Kraftsensoren anhand eines theoretischen Modells und Messungen kalibriert. Weiterhin wird der Prozess mit der Messungen von Körperschallsignalen bezüglich hochfrequenter Schwingungen untersucht. Der Fokus der Prozessuntersuchungen liegt dabei im Wesentlichen auf der Korrelation zwischen den Prozesskennwerten und der kristallinen Orientierung des Diamanten. Im Anschluss daran werden mit Hilfe der ermittelten Kenngrößen unter Berücksichtigung der Maschinenkinematik Prozessstrategien abgeleitet, um die Herstellung asphärischer monokristalliner Diamantwerkzeuge zu ermöglichen. Schließlich werden die Ergebnisse der vorliegenden Arbeit durch die Fertigung asphärischer monokristalliner Diamantwerkzeuge und deren Anwendung bei der Herstellung von Demonstratorbauteilen validiert.

Da synthetische Diamanten im Gegensatz zu natürlichen Diamanten über reproduzierbarere Eigenschaften [OOME91] verfügen, wurden für die Versuche synthetische HPHT-Diamanten der Firma Elementsix [ELEM13] verwendet.

7.1 Identifizierung signifikanter Einflussfaktoren

Identification of significant influence factors

Die schleifende Bearbeitung von monokristallinen Diamanten ist insbesondere in Bezug auf die Herstellung von hochpräzisen Diamantwerkzeugen bisher nur in geringem Maße untersucht worden. Vielfach sind dies empirische Untersuchungen der Werkzeughersteller, die kaum dokumentiert sind und zum Firmenwissen der jeweiligen Hersteller gehören. Mit dem hier vorliegenden neuen Maschinensystem steht eine Plattform zur Verfügung, um Prozessuntersuchungen zum Schleifen von monokristallinen Diamantwerkzeugen auf wissenschaftlicher Basis durchführen zu können. Da zum einen der Prozess als relativ unbekannt angesehen werden kann, als auch das Verhalten und die Eigenschaften des Maschinensystems eine Unbekannte darstellen, müssen zunächst die wesentlichen Einflussgrößen bei der schleifenden Bearbeitung von monokristallinen Diamanten auf diesem neuen Maschinensystem ermittelt werden. Für diesen Fall ist die statistische Versuchsmethodik ein geeignetes Hilfsmittel. Die statistische Versuchsmethodik ist eine systematische Vorgehensweise, welche statistisch abgesicherte Ergebnisse hervorbringt. Zusammenhänge können transparent dargestellt und der Versuchsaufwand kann abgeschätzt und reduziert werden [PFEI01]. Mit einer geeigneten Versuchsplanung (Design of Experiments DoE) können die Effekte mehrerer Eingangsgrößen auf mehrere Ausgangsgrößen simultan untersucht werden. Bei der Durchführung der Versuche werden systematisch gezielte Änderungen an den Eingangsgrößen vorgenommen. Die Reihenfolge der Änderungen sowie die Reihenfolge der Versuche werden bei der Versuchplanung festgelegt. Somit ist es möglich, die Parameter zu isolieren, welche die Ausgangsgrößen in dem gewünschten Maße beeinflussen. Wird ein neues oder unbekanntes System betrachtet, so sollten am Anfang sogenannte Screening-Experimente durchgeführt werden [PETE91]. Solche Experimente ermöglichen es, viele Eingangsgrößen bei vertretbarem Versuchsaufwand mit dem Ziel gegenüberzustellen, signifikante Eingangsgrößen zu identifizieren. Im Folgenden können dann die weniger wichtigen Eingangsgrößen vernachlässigt werden.

In einem ersten Schritt wird eine Systemanalyse durchgeführt. Das hier betrachtete System zur Werkzeugkonturierung auf Basis der Diamantschleifmaschine ist in Bild 7.1 dargestellt. Die Systemanalyse umfasst zunächst eine Festlegung der Systemgrenzen. Das System zur Werkzeugkonturierung kann in zwei Teilsysteme untergliedert werden, welche sich aus den in Kapitel 4 abgeleiteten Anforderungen ergeben.

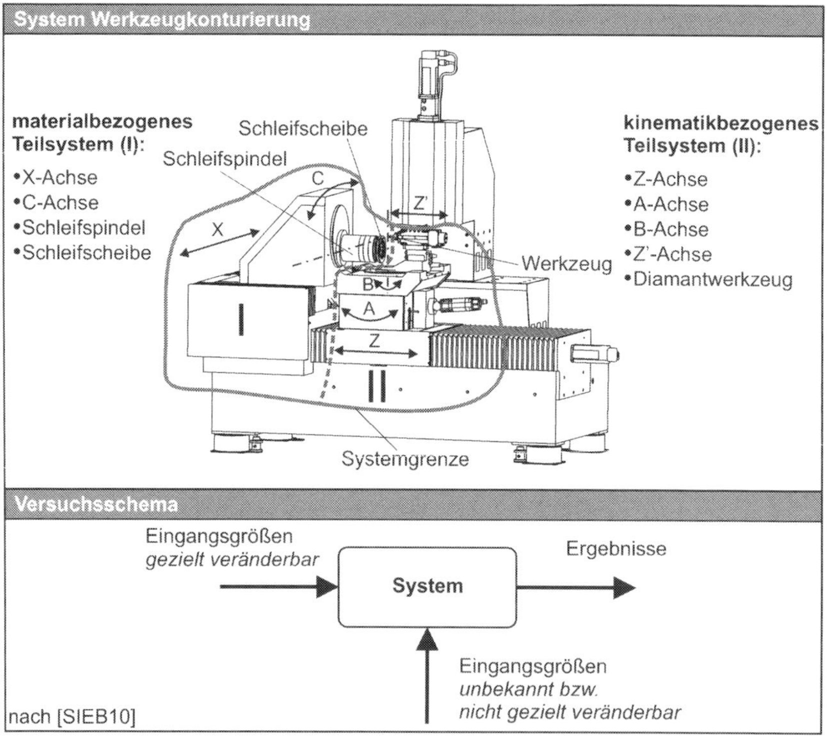

Bild 7.1: Betrachtetes System Werkzeugkonturierung und Versuchsschema

Observed system for tool contouring and the test scheme

Teilsystem I beinhaltet die Baugruppen, die auf Grund des zu bearbeitenden Materials notwendig sind. Daher umfasst dieses materialbezogene Teilsystem I die X-Achse, die C-Achse, die Schleifspindel und die Schleifscheibe. Teilsystem II beinhaltet die Baugruppen, welche zur Erzeugung der gewünschten Werkzeugkontur notwendig sind. Das kinematikbezogene Teilsystem II besteht daher aus der Z-Achse, der A-Achse, der B-Achse, der Z'-Achse und dem zu bearbeitenden Diamantwerkzeug. Die Läppeinheit der Diamantbearbeitungsmaschine ist außerhalb der Systemgrenzen, da sie hier nicht betrachtet werden soll. Zum Läppen von monokristallinen Diamantwerkzeugen liegen schon umfangreiche Arbeiten vor [ZONG06, ZONG07a, ZONG07b, ZONG08, GRIL00, YUAN03, MALS99, VANB00]. Im Anschluss daran werden alle Eingangsgrößen auf das System ermittelt. Hierbei wird zwischen gezielt veränderbaren Eingangsgrößen und unbekannten beziehungsweise nicht gezielt veränderbaren Eingangsgrößen, die auch als Störgrößen bezeichnet werden, unterschieden. Schließlich müssen die Ausgangsgrößen oder Zielgrößen definiert werden. Die Ermittlung der Abhängigkeit dieser Qualitätsmerkmale von den Eingangsgrößen ist das Ziel der Untersuchungen.

Alle Eingangsgrößen für das hier betrachtete System der Werkzeugkonturierung sind auf der linken Seite in Bild 7.2 aufgeführt. Damit ein Parameter als Faktor in einer Versuchsreihe verwendet werden kann, muss dieser über den gesamten Stellbereich gezielt und reproduzierbar eingestellt werden können [SIEB10]. Dies gilt für alle in der Parameterliste aufgeführten Eingangsgrößen mit Ausnahme der Zustellung über die Z-Achse oder die Z'-Achse. Weiterhin müssen alle Parameter, welche als Faktoren in eine Versuchsreihe übernommen werden sollen, beliebig kombinierbar sein [SIEB10]. Diese Voraussetzung ist nicht für alle aufgeführten Parameter gegeben (in Bild 7.2 gekennzeichnet mit * und +). Da die Zustellung zunächst entweder über die Z-Achse oder die Z'-Achse erfolgen soll, um eine einfachere Abbildung des Prozesses zu ermöglichen, kann bei einer Zustellung über die Z-Achse keine Zustellgeschwindigkeit mit der Z'-Achse realisiert werden und umgekehrt. Ebenso kann entweder die C-Achse auf eine feste Position eingestellt, oder eine kontinuierliche Drehzahl mit der C-Achse umgesetzt werden. Daher ist eine geeignete Versuchsstrategie erforderlich, um alle Parameter ausreichend untersuchen zu können. In einer ersten Versuchsreihe werden die wichtigsten Parameter untersucht, die bei einer geraden Bearbeitung des Diamanten einen Einfluss haben. Dies entspricht der Herstellung von Facettenwerkzeugen, welche gerade Schneidkanten haben, die winklig zueinander stehen. Da der Einfluss dieser Eingangsgrößen sowohl bei der Fertigung von Facettenwerkzeugen als auch bei der Fertigung von Radius- und Freiformwerkzeugen als identisch angenommen wird, wird dies zunächst in der ersten Versuchsreihe untersucht und dann für die zweite Versuchsreihe als bekannt angenommen. Weitere Eingangsgrößen, die in der Parameterliste aufgeführt sind, werden dann in der zweiten Versuchsreihe untersucht. Dabei werden die Ergebnisse der ersten Versuchsreihe genutzt und die dort ermittelten optimalen Einstellungen der bereits untersuchten Parameter eingestellt. Um den Einfluss der Störgrößen zu minimieren, sollten diese über die gesamte Versuchsreihe konstant gehalten werden. Beispielsweise wird die Raumtemperatur in einem Bereich von ±1 K geregelt.

Für die 1. Versuchsreihe ergeben sich die folgenden Zielsetzungen:

- Ermittlung des Einflusses einer kontinuierlichen Rotation der C-Achse und damit Änderung der Schleifrichtung gegenüber einer festen Position der C-Achse mit konstanter Schleifrichtung (Faktor C).
- Hat die Wahl der Zustellachse (Z-Achse oder Z'-Achse) einen Einfluss auf das Prozessergebnis am Diamantwerkzeug (Faktor E)?
- Welche Reglerabstimmung sollte für die Z'-Achse gewählt werden (Faktor D).
- Untersuchung des Einflusses der Kristallebenen (Faktor B)
- Ermittlung der besten Schnittgeschwindigkeit, welche durch die Drehzahl der Schleifscheibe bestimmt wird (Faktor A).
- Ermittlung der notwendigen Verweilzeit pro Zustellung (Faktor F) und des Einflusses des Gesamtabtrags (Faktor G).

Bei einer Screening-Versuchsreihe werden die einzelnen Faktoren mit zwei unterschiedlichen Einstellungen, den so genannten Faktorstufen verwendet. Um das gesamte Zielfeld abzudecken, sollten die Faktorstufen für jeden Faktor möglichst weit auseinander liegen, das heißt am Rand des jeweiligen Einstellbereichs. Eine weitere Vorraussetzung ist, dass die Faktoren zwischen den gewählten Faktorstufen linear eingestellt werden können. Für die weitere Auswertung der Versuchsreihe werden die Faktorstufen am unteren Rand des Zielfeldes als minimale Einstellung (-) und die am oberen Rand als maximale Einstellung (+) benannt. [MAYE97]

Ein zentrales Ziel der ersten Versuchsreihe ist die Ermittlung des Einflusses der Schnittrichtung. Wie bereits in Kapitel 2.2.2 und in den dort aufgeführten Quellen beschrieben wurde, ist das Abtragsverhalten bei monokristallinem Diamant abhängig von der Kristallorientierung. Zum einen ändert sich das Abtragsverhalten mit der Richtung in der der Diamant bearbeitet wird. Diese Richtung kann mit dem hier verwendeten neuen Maschinensystem entweder fest eingestellt werden, oder kontinuierlich über eine Rotation der C-Achse als Spindel verändert werden. Durch den Faktor C, welcher in den Faktorstufen n_c mit einer konstanten Drehzahl und *fest* mit einer fixierten Positionierung zur Umsetzung einer Schnittrichtung entlang der [100]-Richtung variiert wird, wird dieses Untersuchungsziel in die Versuchsreihe übernommen. Zum anderen ändert sich das Abtragsverhalten auch auf den verschiedenen Kristallebenen. Eine Positionierung des Diamanten mit der B-Achse verändert dessen Ausrichtung zur Schleifscheibe und damit die Kristallebene, welche an der Schleifscheibe bearbeitet wird. Daher kann die B-Achse zur Änderung der zu bearbeitenden Kristallebenen herangezogen werden, was durch den Faktor B in der Versuchsreihe berücksichtigt wird. Der Faktor B wird in den Extremlagen der Maschine 0° und 59° eingestellt. Einen gleichen Effekt auf die Orientierung des Diamanten zur Schleifscheibe in Bezug auf die Kristallfläche hat die A-Achse. Da deren Einstellbereich jedoch auf 0 – 20° beschränkt ist, wurde für die erste Versuchsreihe nur die B-Achse herangezogen.

gesamte Parameterliste

gezielt veränderbare Parameter	Einheit
Spindel 1 Drehzahl der Schleifscheibe	1/min
C-Achse Position entspricht Schnittrichtung*	Grad
X-Achse Pendelgeschwindigkeit	mm/min
Drehzahl der C-Achse*	1/min
B-Achse Position entspricht Diamatkristallebene	Grad
A-Achse Freiwinkel und Diamantkristallebene	Grad
Z'-Achse Steifigkeit des Reglers	A
Zustellung über Z-Achse oder Z'-Achse+	-
Z-Achse Zustellgeschwindigkeit+	m/s
Z'-Achse Zustellgeschwindigkeit+	m/s
Verweilzeit je Zustellung	s
Gesamtzustellung	µm
B-Achse, Pendelgeschwindigkeit	m/s
Anzahl der Pendelzyklen	-
nicht gezielt veränderbare Parameter	
Zustand der Schleifscheibe	-
Qualität der Rohwerkzeuge	-
Anfahrvorgänge	-
Thermische Dehnung der Spindel	µm
Luftfeuchtigkeit	%
Raumtemperatur	°C
von außen eingekoppelte Schwingungen	m/s^2

*,+ nicht beliebig kombinierbar

1. Versuchsreihe

Faktor	Faktorstufen	
A [1/min]: Drehzahl der Schleifscheibe	1700	2700
B [°]: B-Achse	0	59
C [-]: C-Achse	n_c	fest
D [A]: Steifigkeit Z'-Achse	1,4/0,7	3/1,5
E [-]: Zustellachse	Z'	Z
F [s]: Verweilzeit je Zustellung	120	600
G [µm]: Gesamtzustellung	4	8

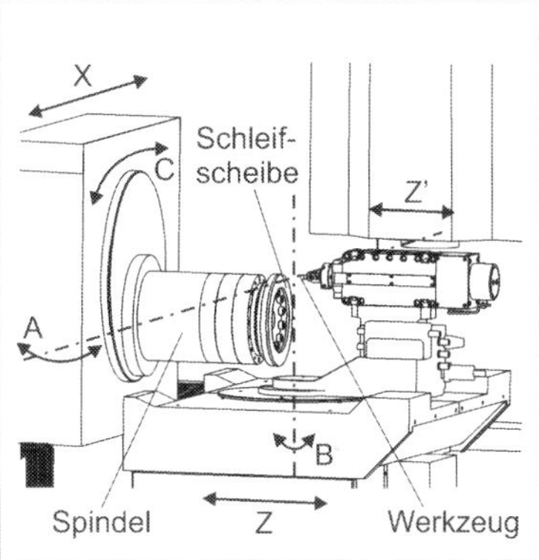

Bild 7.2: Parameterliste und Versuchsstrategie

List of parameters and test strategy

Ein weiterer interessierender Einflussfaktor ist die Steifigkeit der Reglerabstimmung für die Z'-Achse. Die über eine Tauchspule angetriebene Z'-Achse führt den Vorschub des Diamantwerkzeugs in Richtung der Schleifscheibe aus. Untersuchungen haben gezeigt, dass der Abtrag bei der Bearbeitung von monokristallinem Diamant beim Läppen auch von der Zustellkraft abhängig ist [GRIL00]. Der Einfluss der Zustellkraft beim Schleifen wurde bisher noch nicht ermittelt. Mit der Diamantbearbeitungsmaschine kann die Zustellkraft nicht direkt variiert werden, da alle Achsen analog zu konventionellen CNC-Maschinen weggeregelt betrieben werden. Jedoch kann über eine geänderte Einstellung des Begrenzungsstroms am Regler der Tauchspule die Reaktionskraft eingestellt werden, da die Kraft eines elektrischen Antriebs direkt proportional zur Stromstärke ist. Als Faktorstufen wurde ein kontinuierlicher Strom von 0,7 A und 1,5 A gewählt, was bei der verwendeten Tauchspule der Firma Maccon vom Typ CVC40-HF-6.5 einer Kraft von 18,76 N beziehungsweise 40,2 N entspricht. Die zugehörigen Spitzenströme betragen 1,4 A und 3 A (37,52 N und 80,4 N). Mit dem Faktor D wird in dieser Versuchsreihe die Untersuchung der Kraftabhängigkeit der Bearbeitung berücksichtigt. In diesem Zusammenhang steht auch die Variation der Zustellachse über den Faktor E. Bei der Bearbeitung von linearen Werkzeuggeometrien, wie es bei der Herstellung von V-Form- und Facettenwerkzeugen der Fall ist, kann die Zustellung bei der hier betrachteten Diamantbearbeitungsmaschine sowohl über die Z-Achse als auch über die Z'-Achse realisiert werden. Im Fall einer Zustellung über die Z'-Achse liegt keine weitere Achse im Kraftfluss vom Antrieb der Z'-Achse bis zum Werkzeug und danach zur Schleifscheibe. Bei einer Zustellung mit der Z-Achse liegt in deren Zustellrichtung die Z'-Achse im Kraftfluss, welche über deren beschriebene Einstellmöglichkeit des Stroms am Regler eine veränderbare Kraftcharakteristik besitzt. Da die Z-Achse über einen Standardservomotor mit nachgeschaltetem Gewinderollentrieb verfahren wird und die Z'-Achse im Kraftfluss liegt, wird die Kraft hier indirekt ebenfalls über die Z'-Achse geregelt.

Die übrigen drei Faktoren vervollständigen die Versuchsreihe. Da die Schnittgeschwindigkeit auch bei rotierender C-Achse im Wesentlichen durch die Drehzahl der Schleifscheibe bestimmt wird, bildet der Faktor A dies ab. Bei der späteren realen Herstellung von Diamantwerkzeugen mit einer kontinuierlichen Kontur erfolgen die Zustellung in Z-Richtung und der Vorschub über die Rotation der B-Achse. Um die Vorschubgeschwindigkeit bei der hier durchgeführten Bearbeitung linearer Geometrien zu berücksichtigen, beinhaltet der Faktor F eine Verweilzeit je Zustellung. Dies bedeutet, dass nach jeder Zustellung, welche bei diesen ersten Grundlagenversuchen jeweils 1 µm betrug, diese Position eine bestimmte Zeit gehalten wird. Insbesondere bei einer festen Position der C-Achse ist dies notwendig, da in diesem Fall mit der X-Achse eine Oszillation durchgeführt wird, um die gesamte Belagbreite der Schleifscheibe auszunutzen und einen gleichmäßigen Verschleiß zu erzeugen. Ohne eine bestimmte Verweilzeit wird die Belagbreite nicht vollständig ausgenutzt. Schließlich dient die Veränderung der Gesamtzustellung (Faktor G) pro einzelnem Versuch dazu, zu untersuchen, ob es sinnvoller ist, die Endkontur in einem Bearbeitungsdurchgang zu erreichen oder in mehreren einzelnen Bearbeitungsschritten.

Die identifizierten Faktoren werden in einen Versuchsplan überführt und dementsprechend untersucht. Um die Haupteffekte auf die Ausgangsparameter und alle Wechselwirkungen zwischen den Faktoren und ihren Einfluss auf die Ausgangsparameter zu untersuchen, müsste ein vollfaktorieller Versuchsplan angewandt werden. Bei einem vollfaktoriellen Versuchsplan werden so viele Versuche durchgeführt, dass alle Faktoren mit allen Faktorstufen kombiniert werden können. Damit bestimmt sich der Versuchsaufwand wie folgt [SIEB10]:

$$n_r = n_l^{n_f} \tag{7.1}$$

Für die durchzuführende Versuchsreihe mit 7 Faktoren n_f mit je 2 Faktorstufen n_l würde sich ein Versuchsaufwand n_r von 128 Versuchen ergeben. Um den Versuchsaufwand bei vertretbarem Informationsverlust zu minimieren, wurde ein Screening-Versuchsplan nach Placket-Burman aufgestellt, wie er in Bild 7.3 dargestellt ist. Mit diesem Versuchsplan können 11 Faktoren mit 12 Versuchen getestet werden. Obwohl nur 9% aller möglichen Kombinationen untersucht werden, können in der Regel alle signifikanten Faktoren ermittelt werden. [SIEB10] Das in Spalte 1 aufgeführte Vorzeichenschema, in dem + der hohen Faktorstufe und – der niedrigen Faktorstufe entspricht, wird in die gezeigte 11x11-Matrix eingesetzt. Diese Spalte wird dann bei jedem Faktor zyklisch permutiert, was durch die gestufte Linie in der Matrix und am Beispiel der fünften Spalte erläutert wird. Schließlich wird die zwölfte Zeile vollständig mit negativen Vorzeichen belegt. Im Idealfall sollten nicht alle Spalten mit Faktoren belegt werden, um die Versuchsvarianz ermitteln zu können [PETE91]. Dies wird durch die leeren Spalten x8 bis x11 berücksichtigt. Weiterhin ist in der Spalte Versuchsreihenfolge die Nummer des Versuchs für die jeweilige Zeile aufgeführt, welche den Bezug für die weitere Auswertung bildet. Damit wird berücksichtigt, dass die Versuche randomisiert durchgeführt werden sollten, um systematische Fehlereinflüsse zu vermeiden [PETE91]. Weiterhin muss beachtet werden, dass mit Placket-Burman-Versuchsplänen für zwei Faktorstufen nur lineare Zusammenhänge ermittelt werden können [MAYE97]. Für die hier betrachteten Versuche werden lineare Zusammenhänge angenommen, so dass die Verwendung von Placket-Burman-Versuchsplänen gerechtfertigt ist.

Spalte 1	Spalte 5
+	+
+	+
-	-
+	+
+	+
+	+
-	-
-	-
-	-
+	+
-	-

Standardreihenfolge	Versuchsreihenfolge	Faktor A	Faktor C	Faktor B	Faktor D	Faktor E	Faktor F	Faktor G	x8	x9	x10	x11
1	11	+	-	+	-	-	-	+	+	+	-	+
2	12	+	+	-	+	-	-	-	+	+	+	-
3	6	-	+	+	-	+	-	-	-	+	+	+
4	1	+	-	+	+	-	+	-	-	-	+	+
5	8	+	+	-	+	+	-	+	-	-	-	+
6	2	+	+	+	-	+	+	-	+	-	-	-
7	4	-	+	+	+	-	+	+	-	+	-	-
8	3	-	-	+	+	+	-	+	+	-	+	-
9	5	-	-	-	+	+	+	-	+	+	-	+
10	10	+	-	-	-	+	+	+	-	+	+	-
11	9	-	+	-	-	-	+	+	+	-	+	+
12	7	-	-	-	-	-	-	-	-	-	-	-

Faktor	Faktorstufen -	+
A [1/min]:	1700	2700
B [°]:	0	59
C [-]:	n_c	fest
D [A]:	1,4/0,7	3/1,5
E [-]:	Z'	Z
F [s]:	120	600
G [µm]:	4	8

Bild 7.3: Versuchsplan für die Screening-Versuchsreihe

Test plan for the screening experiments

Die Ausgangsgrößen oder Zielgrößen eines zu betrachtenden Systems werden auch Qualitätsmerkmale genannt. Qualitätsmerkmale können sowohl objektiv messbare Größen als auch qualitative Größen, welche jedoch mit Hilfsgrößen in die Auswertung überführt werden müssen, sein [SIEB10]. Bei der Werkzeugkonturierung wird über das Schleifen der Freifläche die Geometrie des Werkzeugs und der Schneidkante hergestellt. Die Güte eines Diamantwerkzeugs definiert sich hauptsächlich über die Schneidkante. Auf der einen Seite sollte die Schneidkante eine möglichst gute Formgenauigkeit, meist Schneidkantenwelligkeit genannt, aufweisen, da sich die Formabweichung je nach Zerspanprozess direkt ins Werkstück abbildet. Zusätzlich sollte die Schneidkante keine Ausbrüche aufweisen, was sich in diesem Genauigkeitsbereich über die Rauheit definieren lässt.

Weiterhin ist zu berücksichtigen, dass Diamantwerkzeuge über ein zweistufiges Verfahren hergestellt werden. Zunächst wird die Kontur des Werkzeugs über Schleifen hergestellt, dann wird die Spanfläche geläppt, um eine scharfe und ausbruchsfreie Schneidkante zu erhalten. Da beim Läppen der Spanfläche Material entlang der Freifläche abgetragen wird, entsteht die Schneidkante aus der Freifläche heraus. Aus diesem Grund muss auch die Form und Rauheit der Freifläche genauso gut sein, wie die der Schneidkante. Fehler in der Freifläche setzen sich in die Schneidkante fort. Daher ist es sinnvoll, die Rauheit und Form der Schneidkante und der Freifläche als Qualitätsmerkmale heranzuziehen (siehe Bild 7.4). Die Formabweichungen und die Rauheiten können wie im Bild 7.4 dargestellt, mit einem taktilen Verfahren bestimmt werden. Für die Messung der Schneidkante wird eine Tastschneide unter 45° an der Schneidkante entlang geführt. Mit diesem Verfahren können die Ausbrüche, welche beim Schleifen entstehen, in der Größe und der Anzahl quantitativ erfasst werden. Je geringer die Größe und Anzahl der Ausbrüche ist, desto weniger Material muss beim anschließenden Läppen der Spanfläche abgetragen werden, um die Ausbrüche zu entfernen. Dieses taktile Messverfahren für die Schneidkante kann bei Diamantwerkzeugen, welche nach der Fertigung für die UP-Zerspanung verwendet werden, nicht durchgeführt werden, da die taktile Messung die Schneidkante beschädigen kann. Aus diesem Grund wird dann die Messung der Freifläche mit einer Tastspitze unterhalb der Schneidkante zur Qualifizierung und Prüfung der Werkzeuge herangezogen. Da Diamantwerkzeuge je nach Bedarf nach dem Gebrauch nachgeläppt werden können und dabei ein unter der ursprünglichen Schneidkante liegender Bereich der Freifläche zur neuen Schneidkante wird, muss die Freifläche die gleiche Qualität wie die Schneidkante in Bezug auf Formgenauigkeit und Rauheit aufweisen. Folglich ist die Messung der Freifläche eine wichtige Methode, um Diamantwerkzeuge zu charakterisieren. Auf diese Weise werden beispielsweise Diamantwerkzeuge mit kontrollierter Welligkeit, welche eine maximale Formabweichung von unter 50 nm auf einem Öffnungswinkel von 90° aufweisen können, beim Hersteller geprüft [ALMT13b].

Mit dem beschriebenen taktilen Verfahren wurden die maximale Rautiefe R_t und die maximale Formabweichung P_t ermittelt und zur Bewertung des Schleifprozesses herangezogen. Im Gegensatz zu Mittenrauwerten R_a wird bei diesen Werten keine

Mittelung durchgeführt, so dass die Werte R_t und P_t die Fehler real abbilden. Durch die Ermittlung der Formabweichung an der Schneidkante kann der maximal auftretende Ausbruch am besten erfasst werden. Da nur der größte Ausbruch die Qualität der Schneidkante bestimmt, ist dieser von zentralem Interesse. Schließlich kann über die Formabweichung der langwellige Fehler über den betrachteten Messbereich ermittelt werden und über die Rauheit der kurzwellige Fehler. Damit kann das entsprechende Geometrieelement vollständig charakterisiert werden.

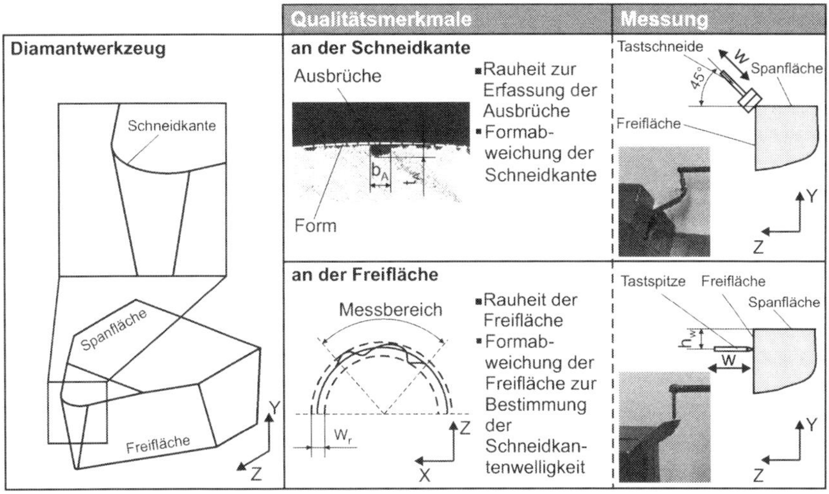

Bild 7.4: Qualitätsmerkmale bei der Konturierung

Quality characteristics during contouring

Aus der Versuchsreihe wurde zunächst der Einfluss der C-Achse (Faktor C) auf die Ausbrüche an der Schneidkante abgeleitet. Die Ergebnisse hierzu sind in Bild 7.5 in chronologischer Reihenfolge der Versuchsdurchführung dargestellt. Zudem sind zur besseren Darstellung nur die Versuche abgebildet, bei denen die B-Achse auf eine Position von 0° eingestellt wurde und die vordere Fläche des Werkzeugs bearbeitet wird. Die Faktorstufen der C-Achse waren bei dieser Versuchsreihe zum einen eine feste Winkelposition von 0°, was einer konstanten Schnittrichtung an der Bearbeitungsstelle entlang der Y-Richtung entspricht. Zum anderen wurde eine konstante Rotation der C-Achse mit einer Drehzahl von 1 1/min eingestellt. Basierend auf den Versuchsergebnissen kann festgestellt werden, dass eine feste Position der C-Achse zu geringeren Ausbrüchen an der Schneidkante führt. Für diesen Effekt können zwei Gründe angeführt werden. Auf der einen Seite führen Planlauffehler der Schleifspindel, der Schleifscheibe und der C-Achse dazu, dass eine kontinuierliche Veränderung des Kontaktpunktes zwischen Scheibe und Werkzeug in Z-Richtung infolge der Rotation der jeweiligen Achse auftritt. Daraus resultiert eine stoßartige Belastung des Diamantwerkzeugs, was bei diesem sprödharten Material zu Ausbrüchen führt. Wie in Kapitel 6.1 beschrieben wurde, ist der Planlauffehler der C-Achse größer als der

Geradheitsfehler der X-Achse über den Weg der Belagbreite der Schleifscheibe. Beide Fehler wirken sich in einer Veränderung des Kontaktpunktes in Z-Richtung aus. Da bei der festen Position der C-Achse die gesamte Schleifscheibenbreite durch eine Oszilation der X-Achse abgedeckt wurde, ist der Fehler in Z-Richtung geringer als bei einer Rotation der C-Achse wie bereits bei der Messung der C- und X-Achse in Kapitel 6.1. ermittelt wurde. Auf der anderen Seite entspricht die bei dieser Versuchsreihe eingestellte Schnittrichtung bei einer festen Position der C-Achse der [100]-Kristallrichtung auf der hier geschliffenen (100)-Kristallebene des Diamanten. Da dies die ideale Schnittrichtung auf dieser Kristallebene ist [GRIL00], lässt sich infolge des guten Abtragsverhaltens auch die geringere Neigung zu Ausbrüchen erklären. Im Gegensatz dazu findet die Bearbeitung bei einer kontinuierlichen Rotation der C-Achse auch in ungünstigen Schnittrichtungen statt. Diese führt stellenweise zu schlechten Prozessbedingungen, welche in Ausbrüchen an der Schneidkante resultieren.

Alle Untersuchungen der ersten Versuchsreihe wurden am gleichen Diamantwerkzeug durchgeführt, um konstante Materialbedingungen zu gewährleisten. Anhand der Nummerierung in Bild 7.5 ist die zeitliche Abfolge der Versuche dokumentiert. Zwischen den in diesem Bild dargestellten Versuchen wurden lediglich Versuche an den anderen Flächen des Werkzeugs durchgeführt, sodass die gezeigten Versuche eine direkte Abfolge an der vorderen Fläche darstellen. Da bei den einzelnen Versuchen verschiedene Gesamtzustellungen realisiert wurden, kann der Abtrag von einem Versuch zum anderen Versuch nachvollzogen werden. Beispielsweise kann zwischen Versuchsnummer 5 und 7 sowie zwischen der Versuchsnummer 7 und 8 anhand einer qualitativen Begutachtung der Form der Ausbrüche gezeigt werden, dass ein Abtrag stattgefunden hat, dieser jedoch nicht zur vollständigen Beseitigung der Ausbrüche vom vorhergehenden Versuch ausgereicht hat.

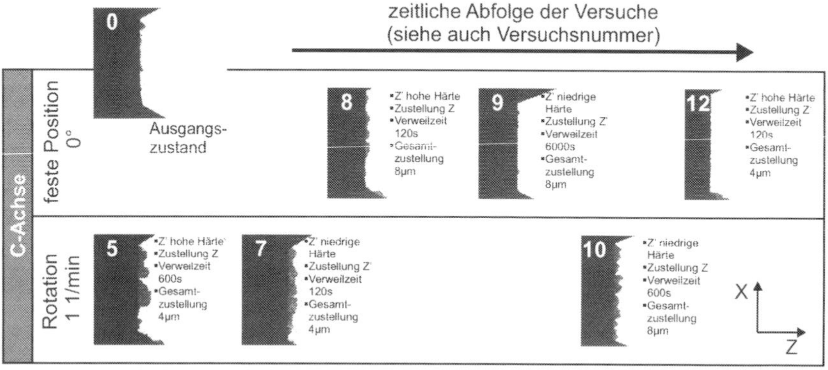

Bild 7.5: Einfluss der C-Achse

Influence of the C-axis

Deutlich wird der Effekt der Gesamtzustellung und der C-Achse an den Versuchen 9, 10 und 12. Durch die Rotation der C-Achse bei Versuch 10 entstehen relativ große

Ausbrüche an der Schneidkante. Die darauffolgende Bearbeitung an der vorderen Fläche des Werkzeugs in Versuch 12 führte auf Grund der hier ausreichenden Gesamtzustellung und einer festen Position der C-Achse zu kleineren Ausbrüchen und damit zu einer besseren Qualität der Schneidkante.

Zur Auswertung der Versuchsergebnisse wurde eine Varianzanalyse nach PETERSEN [PETE91] angewandt, welche im Folgenden anhand der konkreten Aufgabenstellung beschrieben wird. Die Auswertung wird für jedes Qualitätsmerkmal, deren Messwerte in eine eigene Spalte am Ende der Matrix aus Bild 7.3 eingetragen werden, durchgeführt. Im Anschluss daran wird für jede Spalte die Summe der Messwerte mit positivem Vorzeichen Σxi_+ und die Summe der Messwerte mit negativem Vorzeichen Σxi_- gebildet. Das Vorzeichen ist in der Zeile des Messwertes und der betrachteten Spalte im Vorzeichenschema angeben. Für jede Spalte werden dann diese Summen dem Betrag nach addiert.

$$\Sigma\, gesamt = \sum |xi_+| + \sum |xi_-| \tag{7.1}$$

Diese Gesamtsumme dient auch zur Überprüfung, da die Gesamtsummen aus allen Spalten identisch sein müssen. Der Effekt jedes Einflussfaktors, welche durch die Spalten der Matrix repräsentiert werden, berechnet sich dann anhand der Gleichung 7.2. Hierbei wird die Differenz der positiven und der negativen Summe durch die Anzahl der positiven Vorzeichen n_+ je Spalte dividiert.

$$E_{xi} = \frac{\left|\sum xi_+\right| - \left|\sum xi_-\right|}{n_+} \tag{7.2}$$

Aus den Spalten, welche keinem Einflussfaktor zugeordnet sind (hier x8 bis x11), ergibt sich die Versuchsvarianz. Die Versuchsvarianz, welche nach Gleichung 7.3 berechnet wird, ist der Schwellwert ab dem der Effekt eines Einflussfaktors als signifikant auf das jeweilige Qualitätsmerkmal betrachtet werden kann.

$$MIN = t\sqrt{\frac{\sum_{x8}^{x11} E_{xi}^{\;2}}{n_{einzel}}} \tag{7.3}$$

In der Gleichung 7.3 ist n_{einzel} die Anzahl der Effekte, welche keinem Faktor zugeordnet sind. Der t-Wert ergibt sich aus der Wahrscheinlichkeitstabelle (Anhang A2) der Student-t-Verteilung auf Basis des Freiheitsgrads, welcher der Anzahl der nicht belegten Faktoren n_{einzel} entspricht, und dem gewählten Signifikanzlevel α [PETE91]. Das Signifikanzlevel beschreibt die Wahrscheinlichkeit, dass ein Ergebnis nicht durch statistische Zufälle entstanden ist. Beispielsweise besteht bei einem α-Wert von 0,1 eine 90%ige Wahrscheinlichkeit, dass der entsprechende Effekt nicht durch statistische Zufälle entstanden ist. Aus der Student-t-Verteilung ergibt sich für kleinere α-Werte, welche einer höheren Wahrscheinlichkeit entsprechen, bei gleichem Freiheitsgrad ein höherer t-Wert. Nach Gleichung 7.3 folgt daraus bei einer höheren Wahrscheinlichkeit ein größerer MIN-Wert. Folglich muss der Effekt eines Faktors einen höheren Wert aufweisen, um als signifikant betrachtet zu werden.

Die Effekte, welche sich aus der beschriebenen Varianzanalyse ergeben, sind in den Paretodiagrammen in Bild 7.6 für die Rautiefe Rt und die Formabweichung Pt jeweils an der Schneidkante und an der Freifläche für ein Signifikanzlevel von $\alpha = 0{,}1$, welcher in diesem Fall einen t-Wert von 1,533 ergibt, aufgeführt. Es ist zu beachten, dass die Effekte in den Paretodiagrammen mit dem Faktor der Wurzel in Gleichung 7.3 normiert sind, so dass der MIN-Wert nicht direkt aufgeführt ist, sondern durch den t-Wert repräsentiert wird. In Bezug auf die Schneidkante werden die qualitativen Ergebnisse aus Bild 7.5 bestätigt. Sowohl bezüglich der Rautiefe als auch in Bezug auf die Formabweichung liegt der Effekt der C-Achse (Faktor C) über dem Signifikanzlevel. Daher kann statistisch abgesichert aus der ersten Versuchsreihe abgeleitet werden, dass zunächst die C-Achse zur Reduzierung der Ausbrüche an der Schneidkante herangezogen werden muss. Alle Effekte der übrigen Faktoren liegen unterhalb des Signifikanzlevels und haben somit keinen sicher nachgewiesenen Einfluss auf die Größe der Ausbrüche.

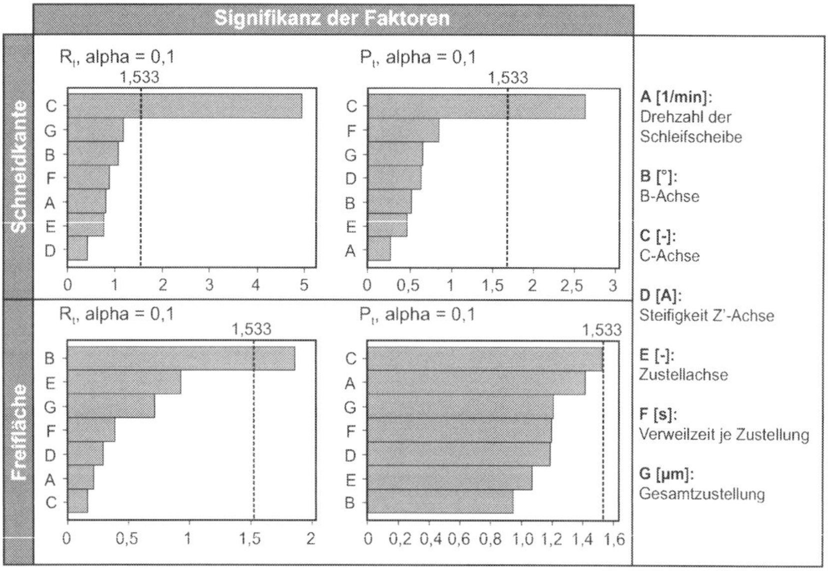

Bild 7.6: Paretodiagramme der ersten Versuchsreihe

Pareto diagrams of the first test series

Das Paretodiagramm für die Rautiefe an der Freifläche zeigt auf, dass die B-Achse (Faktor B) hier einen entscheidenden Einfluss hat, und über dem Signifikanzlevel von 1,533 liegt. Dies lässt sich anhand der kristallographischen Eigenschaften von Diamant erklären. Wie schon in einigen Forschungsarbeiten publiziert wurde [GRIL00, VANB99, YUAN03], hängt die Abtragsrate sowohl von der Schleifrichtung auf der jeweiligen Kristallebene als auch von der Kristallebene selbst ab. Über die Position der B-Achse bestimmt sich die relative Position des Diamantwerkzeugs zur Schleifscheibe, und damit auch die Kristallebene, welche an der Schleifscheibe bearbeitet wird. Da dann auch ein anderes Abtragsverhalten vorliegt, kann dies zu einer anderen Rautiefe auf der bearbeiteten Fläche führen. Alle Effekte der übrigen Faktoren liegen in Bezug auf die Rautiefe unterhalb des Signifikanzlevels und haben somit keinen sicher nachgewiesenen Einfluss auf die Rautiefe an der Freifläche. Ebenso kann für alle Faktoren kein sicher nachweisbarer Effekt auf die Formabweichung an der Freifläche ermittelt werden, da wie im Paretodiagramm dargestellt ist, alle Effekte unter dem Signifikanzlevel von 1,533 liegen.

Der Einfluss der Faktoren auf die Qualitätsparameter lässt sich über eine Darstellung in Haupteffektediagrammen gut abbilden. Die Haupteffektediagramme für die drei Qualitätsparameter Rautiefe der Schneidkante R_t, Formabweichung der Schneidkante P_t und Rautiefe der Freifläche R_t, bei denen anhand der Paretodiagramme in Bild 7.6 ein signifikanter Einfluss ermittelt werden konnte, sind in Bild 7.7 zusammengefasst. In diesen Haupteffektediagrammen sind nur die vier Faktoren in der Reihenfolge ihrer Signifikanz aufgeführt, die gemäß den Paretodiagrammen den größten Einfluss haben. Da die Gesamtzustellung unabhängig zu betrachten ist, wurde sie in den Haupteffektediagrammen vernachlässigt. Die Haupteffektediagramme beschreiben, wie sich der jeweilige Qualitätsparameter verändert, wenn die Faktorstufe eines Faktors geändert wird. Mit dieser Darstellung zeigt sich ebenfalls, dass der erste Faktor über dem Signifikanzlevel liegt, da sich durch Veränderung dieses Faktors der größte Effekt auf die Qualitätsparameter erzielen lässt. Es ist anzumerken, dass die weiteren drei Faktoren, welche in den Haupteffektediagrammen für die jeweiligen Qualitätsparameter aufgeführt sind, unterhalb des Signifikanzlevels liegen und damit keinen statistisch gesicherten Einfluss haben.

Sowohl die Rautiefe als auch die Formabweichung an der Schneidkante werden bei einer fest eingestellten C-Achse besser. Dies steht in guter Übereinstimmung mit der qualitativen Bewertung für die Anzahl und Größe der Ausbrüche anhand von Bild 7.5 und der aufgeführten Begründung. In Bezug auf die Freifläche zeigt sich, dass die Rautiefe bei einer größeren Winkelposition der B-Achse geringer ist. Das hier bearbeitete Diamantwerkzeug hat eine (100)-Kristallfläche an der vorderen Freifläche, welche bei einer Winkelposition der B-Achse von 0° geschliffen wird. An einer Winkelposition der B-Achse von 59° wird eine Kristallebene geschliffen, die in der Nähe einer (110)-Kristallebene liegt. Da sich das Abtragsverhalten nicht nur in verschiedenen Richtung unterscheidet, sondern auch auf den unterschiedlichen Kristallebenen verschieden ist [GRIL00, VANB99, YUAN03, ZONG06], lässt sich darauf basierend die Variation in der Oberflächengüte erklären. Die Abtragsrate auf einer (110)-Ebene in [100]-Richtung ist, wie in den zitierten Veröffentlichungen gezeigt, höher als auf der (100)-Ebene in [100]-Richtung. Durch diese verhältnismäßig einfachere Bearbeitung kann das Material an einer Winkelposition der B-Achse von 59° besser abgetragen werden, sodass sich eine geringere Rautiefe der Oberfläche an der Freifläche ergibt. Insgesamt kann festgehalten werden, dass sich die Haupteffekte der signifikanten Faktoren C-Achse und B-Achse (Faktoren C und B) durch die anisotropen kristallographischen Eigenschaften des Diamanten erklären lassen und sich in der

Rautiefe und Formabweichung widerspiegeln. Bei der Herstellung von Werkzeugen kann die Qualität folglich über diese Faktoren gesteuert und optimiert werden.

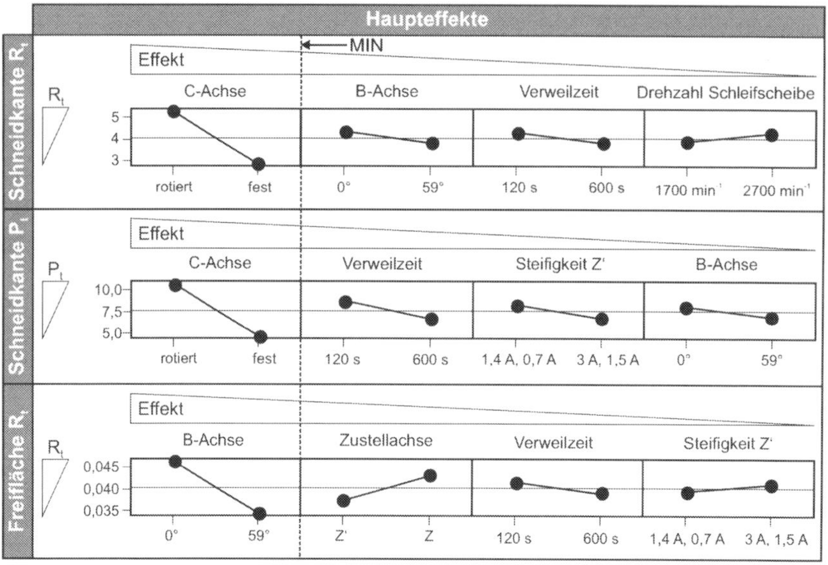

Bild 7.7: Haupteffektediagramm der ersten Versuchsreihe

Main effect diagrams of the first test series

Obwohl die Verweilzeit mit einer statistischen Unsicherheit behaftet ist, kann diese auch in dem beschriebenen Zusammenhang betrachtet werden. In Bezug auf alle drei betrachteten Qualitätsparameter zeigt sich, dass eine Verlängerung der Verweilzeit zu einer leichten Verbesserung sowohl der Oberflächengüte als auch der Formabweichung führt. Da die ideale Schnittrichtung bei einer definierten Kristallorientierung des Diamantwerkzeugs immer in [100]-Richtung liegt, ist eine Änderung der Schnittrichtung, wie anhand der Versuche gezeigt wurde, nicht zielführend. Um die unterschiedlichen Abtragsraten auf den verschiedenen zu schleifenden Kristallebenen bei der Herstellung realer Werkzeuge zu berücksichtigen, kann jedoch eine angepasste Verweilzeit angestrebt werden. Dies lässt sich bei der betrachteten Diamantschleifmaschine über eine winkelabhängige Vorschubgeschwindigkeit der B-Achse erzielen. Weiterhin kann aus den Haupteffektediagrammen abgeleitet werden, dass die übrigen Faktoren zum einen keinen statistisch relevanten Einfluss auf die Qualitätsparameter haben oder dieser Einfluss klein und undefiniert ist. Auf Basis der ersten Versuchsreihe können die folgenden Prozessparameter als zielführend für eine gute Qualität der Diamantwerkzeuge festgehalten werden:

- Die Schnittrichtung sollte mit der C-Achse konstant auf die [100]-Richtung der jeweiligen Kristallebene eingestellt werden. Über eine Oszillation der X-Achse kann eine gleichmäßige Überdeckung der Belagbreite der Schleifscheibe erzielt werden.

- Da zur Herstellung realer Werkzeuge verschiedene Kristallebenen bearbeitet werden müssen, kann die Variation der Abtragsrate auf den Kristallebenen durch eine Anpassung der Vorschubgeschwindigkeit der B-Achse zur Änderung der Verweilzeit berücksichtigt werden.

Im betrachteten System für das Schleifen von Diamantwerkzeugen gibt es weitere Faktoren, deren Einfluss auf die Qualitätsparameter von Interesse ist. Wie bereits zu Beginn dieses Kapitels genannt, wurde zur Untersuchung dieser Parameter eine zweite Versuchsreihe aufgesetzt. Innerhalb dieser zweiten Versuchsreihe wurden die Parameter, welche sich auf Basis der ersten Versuchsreihe als zielführend für eine gute Qualität der Schneidkante und der Freifläche herausgestellt haben, mit der jeweiligen Faktorstufe als feste Parameter gewählt. Zudem wurde bei der zweiten Versuchsreihe der Fokus auf die Untersuchung der Faktoren gelegt, welche im Zusammenhang mit der kristallinen Orientierung des Diamantwerkzeugs liegen. Daher ergeben sich die in Bild 7.8 aufgeführten Faktoren. Die Faktorstufen wurden wieder so gewählt, dass nach Möglichkeit zwei Extremwerte des jeweiligen Faktors vorliegen, um den gesamten Einstellbereich für den Schleifprozess abzudecken.

Bei einer zerspanenden Bearbeitung mit Diamantwerkzeugen ist es notwendig, dass die Diamantwerkzeuge auf den Anwendungsfall angepasste Freiwinkel aufweisen. Der Freiwinkel wird beim System zum Diamantschleifen über die A-Achse eingestellt. Weiterhin bedingt eine veränderte Position der A-Achse analog zur B-Achse eine Änderung der in Eingriff mit der Schleifscheibe befindlichen Kristallebene des Diamanten. Aus diesen beiden Gründen ist eine Betrachtung der A-Achse in der Versuchsreihe unabdingbar (Faktor A). Für die Faktorstufen der A-Achse wurden 0° und -10° gewählt. Obwohl die A-Achse bis zu einem maximalen Winkel von -20° verfahren werden kann, wurde als Faktorstufe lediglich -10° gewählt, da die meisten Diamantwerkzeuge einen Freiwinkel in diesem Bereich aufweisen, um eine bessere Stabilität des Werkzeugs sicherzustellen. Die Ergebnisse der ersten Versuchsreihe haben gezeigt, dass eine feste Position der C-Achse einen positiven Einfluss auf die Güte der Schneidkante und der Freifläche hat. Um diesen Faktor C genauer zu untersuchen, wurde er in die zweite Versuchsreihe übernommen. Die Faktorstufen dieser festen Position sind zum einen eine 0°-Position, bei der die Schnittrichtung entlang der Y-Richtung erfolgt und eine 90°-Position, bei der die Schnittrichtung entlang der X-Richtung verläuft. Bei einem Werkzeug, welches an der vorderen Freifläche wie bei der ersten Versuchsreihe eine (100)-Ebene aufweist, entspricht die 0°-Position einer Schnittrichtung in [100]-Richtung und die 90°-Position einer Schnittrichtung in [110]-Richtung. Analog zu Faktor C wurde auch der Faktor B, welcher die Position der B-Achse beinhaltet, in die zweite Versuchsreihe mit aufgenommen. Es wurden die Faktorstufen 0° und -45° gewählt, da bei dem verwendeten Diamantwerkzeug in der 0°-Stellung der B-Achse die (100)-Ebene bearbeitet wird und in der 45°-Stellung eine (110)-Ebene. Somit werden wie beim Faktor C über diese Positionen der B-Achse zwei Extremfälle abgedeckt. Um einen möglichst gleichmäßigen Verschleiß an der Schleifscheibe über die gesamte Belagbreite zu erzielen, ist bei einer festen Position der C-Achse eine Oszillation der X-Achse erforderlich, wie sie auch schon in diesem Fall bei der ersten Versuchsreihe verwendet wurde. Jedoch wurde bei der ersten Versuchsreihe nur eine feste Oszillationsgeschwindigkeit der X-Achse eingestellt. Über den Faktor D werden in der zweiten Versuchsreihe mit den Faktorstufen 20 mm/min und 60 mm/min die Einflüsse verschiedener Oszillationsgeschwindigkeiten untersucht. Aufbauend auf den Ergebnissen der 1. Versuchsreihe und als Ergänzung dieser, sind die Zielsetzungen der 2. Versuchsreihe wie folgt definiert:

- Untersuchung der Korrelation zwischen Kristallebenen und Schnittrichtungen auf dem prototypischen Maschinensystem durch Verwendung aller Achsen, die diese beiden Parameter variieren.
- Ermittlung einer geeigneten Oszillationsgeschwindigkeit für die X-Achse.

Im Gegensatz zur ersten Versuchsreihe, welche viele zu untersuchende Faktoren beinhaltete, wurde bei der zweiten Versuchsreihe ein vollfaktorieller Versuchsplan gewählt. Mit vier Faktoren n_f und jeweils zwei Faktorstufen n_l ergibt sich für die zweite Versuchsreihe anhand von Gleichung 7.1 ein Versuchsaufwand n_r von 16 Versuchen. Ein vollfaktorieller Versuchsplan bietet den Vorteil einer höheren Auflösung, was bedeutet, dass die Ergebnisse eine bessere statistische Absicherung aufweisen, als bei dem zuvor verwendeten Placket-Burman-Versuchsplan. Weiterhin lassen sich mit einem vollfaktoriellen Versuchsplan auch Wechselwirkungen zwischen den Faktoren aus den Versuchsergebnissen ableiten [PFEI01]. Daher sollte bei einer geringen Anzahl von Faktoren und wenigen Faktorstufen dieser Versuchsplan gewählt werden. Anhand der Gleichung 7.1 wird deutlich, dass der Versuchsaufwand exponentiell mit der Anzahl der Faktoren und Faktorstufen steigt. Daher wurde für die erste Versuchsreihe ein Placket-Burman-Versuchsplan gewählt. Ein vollfaktorieller Versuchsplan beinhaltet, dass alle Faktorstufen der betrachteten Faktoren in allen möglichen Kombinationen getestet werden. Dies wird in der zweiten Versuchsreihe durchgeführt.

2. Versuchsreihe

Faktor	**Faktorstufen**	
A [°]: A-Achse	-10	0
B [°]: B-Achse	-45	0
C [°]: C-Achse	0	90
D [mm/min]: Geschwindigkeit X-Achse	20	60
feste Parameter:		
Zustellachse	Z'	
Drehzahl der Schleifscheibe	1700 1/min	
Steifigkeit Z'-Achse	3A/1,5A	
Gesamtzustellung	8 µm	

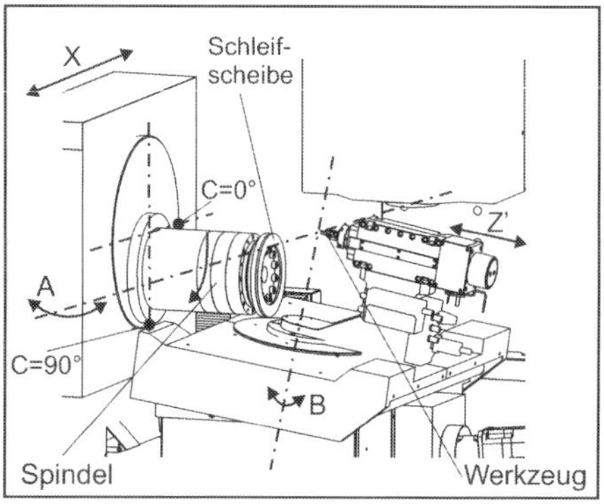

Bild 7.8: Parameter der zweiten Versuchsreihe

Parameters of the second test series

Die Auswertung erfolgte analog zur ersten Versuchsreihe. Im Gegensatz zur ersten Versuchsreihe tritt bei manchen Faktorkombinationen der zweiten Versuchsreihe der Fall auf, dass die Schnittrichtung entlang der harten Richtung des zu bearbeitenden Diamanten liegt. Bei einer Position der B-Achse von 45° wird eine (110)-Ebene des Diamanten bearbeitet. Wird diese Position mit der 90°-Position der C-Achse kombiniert, so erfolgt die Schnittrichtung horizontal zur Schneidkante des Werkzeugs, was der [110]-Richtung entspricht. Da dies die harte Richtung darstellt, findet in den Versuchen mit dieser Faktorkombination kein Abtrag statt. Um dies bei der Auswertung zu berücksichtigen, wurden die entsprechenden Messwerte in einem ersten Ansatz auf die bei den übrigen Versuchen der Versuchsreihe gemessenen schlechtesten Messwerte gesetzt. Im weiteren Verlauf wird geprüft, ob dies zulässig ist.

Aus der zweiten Versuchsreihe können die in Bild 7.9 aufgeführten Paretodiagramme abgeleitet werden. Bezüglich der Qualitätsmerkmale Formgenauigkeit P_t liegt der Faktor C, welcher die C-Achse repräsentiert, oberhalb des MIN-Wertes und kann damit als signifikant für den Prozess betrachtet werden. Dies ist in guter Übereinstimmung mit den Ergebnissen der ersten Versuchsreihe.

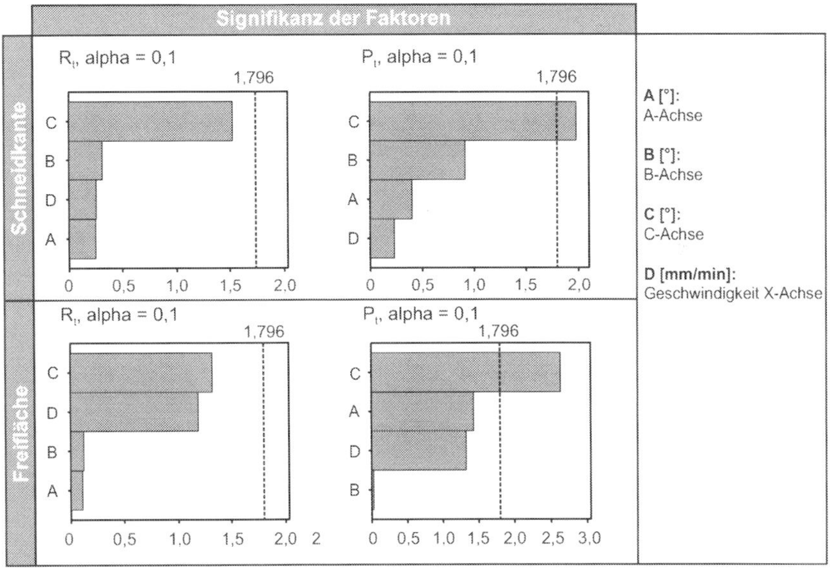

Bild 7.9: Paretodiagramme der zweiten Versuchsreihe

Pareto diagrams of the second test series

Für die übrigen Faktoren gilt, dass sie keinen signifikanten Einfluss auf die betrachteten Qualitätsparameter haben. Bezüglich der Rauheit hat kein Faktor einen signifikanten Effekt auf die Qualitätsparameter. Lediglich der Effekt der C-Achse ist noch nahe dem MIN-Wert. Im Vergleich zur ersten Versuchsreihe ist ein starker Unterschied bezüglich des Qualitätsparameters Rauheit an der Freifläche festzustellen. Basierend auf den Ergebnissen der ersten Versuchsreihe hat die Position der B-

Achse, welche über den Faktor B repräsentiert wird, einen signifikanten Einfluss auf die Rauheit der Freifläche. Weiterhin liegt der Effekt der C-Achse, welcher über den Faktor C repräsentiert wird, weit unterhalb des MIN-Werts. Auf Grund der kristallinen Orientierung konnte die bessere Oberflächengüte an der Freifläche bei einem größeren Winkel der B-Achse beschrieben werden.

Die Ergebnisse der zweiten Versuchsreihe zeigen bezüglich der Rauheit der Freifläche ein gegenteiliges Verhalten. Zum einen muss beachtet werden, dass die Effekte aller Faktoren in Bezug auf die Rauheit der Freifläche unterhalb des MIN-Wertes liegen, und damit ein statistisch schlecht abgesichertes Ergebnis darstellen. Dies gilt insbesondere für den Faktor B. Zum anderen muss bei der Auswertung berücksichtigt werden, dass der Faktor C bei der zweiten Versuchsreihe nicht exakt den gleichen Parameter wie bei der ersten Versuchsreihe darstellt. In der ersten Versuchsreihe wird der Faktor C mit den Faktorstufen feste Position bei 0° und kontinuierlicher Rotation eingestellt, wohingegen dieser Faktor bei der zweiten Versuchsreihe mit den Faktorstufen feste Position 0° und feste Position 90° untersucht wird. Die getesteten Faktorstufen für die C-Achse in der ersten Versuchsreihe bedingen, dass bei beiden ein Abtrag am Diamant erzeugt werden kann. Im Gegensatz dazu tritt bei der Faktorstufe feste Position 90° für die C-Achse und 45° der B-Achse der Fall auf, dass kein Abtrag erzeugt wird. Dadurch ist in diesem Fall der Effekt der C-Achse auf die Rauheit der Freifläche deutlich höher und überlagert den Effekt der B-Achse bei den Ergebnissen der zweiten Versuchsreihe, wodurch sich der Unterschied zur ersten Versuchsreihe erklären lässt.

Die Haupteffekte für die Qualitätsparameter Formgenauigkeit P_t der Schneidkante als auch der Freifläche sind in Bild 7.10 aufgeführt. Analog zu den Haupteffekten der ersten Versuchsreihe hat lediglich der erste aufgeführte Faktor einen signifikanten Einfluss auf den jeweiligen Qualitätsparameter, was durch den MIN-Wert dargestellt wird. Sowohl in Bezug auf die Schneidkante als auch in Bezug auf die Freifläche führt die 0°-Position der C-Achse zu einer geringeren Formabweichung. Da bei der 0°-Position die Schnittrichtung der [100]-Kristallrichtung entspricht, welche die weiche Richtung auf einer Diamantebene darstellt, kann das Material hierbei besser abgetragen werden. Die günstigeren Abtragsbedingungen resultieren in einer besseren Formgenauigkeit.

Die Effekte der anderen drei Faktoren können auf Grund ihrer geringen Signifikanz, welche geringer ist als der MIN-Wert, nicht zur weiteren Prozessoptimierung herangezogen werden. Insbesondere ist der Effekt der B-Achse konträr zur ersten Versuchsreihe. Der Grund hierfür liegt jedoch darin, dass der starke Effekt der C-Achse die Effekte aller anderen Faktoren überlagert. Insbesondere in Bezug auf die B-Achse tritt dies überproportional stark auf. Da bei einer Faktorkombination der C-Achse an der 90°-Position und der B-Achse an der 45°-Position die nicht schleifbare Richtung bearbeitet wird, führt die obige Auswertung dazu, dass die 45°-Position der B-Achse immer mit den schlechtesten Ergebnissen für die Qualitätsparameter zusammenhängt. Dadurch lässt sich das Verhalten in den Haupteffektdiagrammen in

Bild 7.10 erklären, was jedoch unter Berücksichtigung der Kristallographie des Diamanten zu falschen Schlussfolgerungen führt.

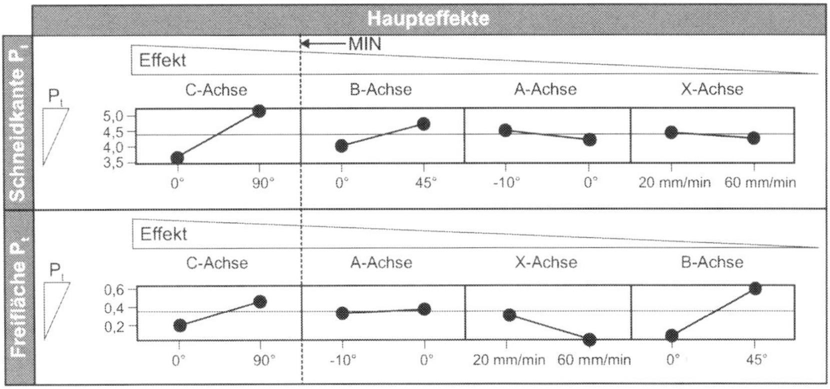

Bild 7.10: Haupteffektediagramm der zweiten Versuchsreihe

Main effect diagrams of the second test series

Um den Effekt der anderen Faktoren richtig abzubilden, wurde eine Auswertung ohne Berücksichtigung der drei Versuche mit den ungünstigen Faktorkombinationen C-Achse = 90° und B-Achse = 45° durchgeführt. Die entsprechenden Ergebnisse für die Rauheit der Schneidkante und der Freifläche sind in Bild 7.11 dargestellt. In Bezug auf die B-Achse ist analog zu den Ergebnissen der ersten Versuchsreihe ein deutlicher Effekt im Vergleich zu den anderen Faktoren festzustellen. Obwohl der Effekt der B-Achse unterhalb des Signifikanzlevels liegt, kann daraus in Kombination mit den Ergebnissen der ersten Versuchsreihe die Tendenz abgeleitet werden, dass die Rauheit von der Position der B-Achse und damit der Kristallfläche abhängt, da der Effekt nahezu dem Signifikanzlevel entspricht. Dies lässt sich nicht für die Formgenauigkeit ableiten, weswegen diese hier nicht dargestellt ist, da alle Faktoren diesbezüglich eine große Differenz zum Signifikanzlevel aufweisen.

Mit der angepassten Auswertung entsprechen die Haupteffekte den in der ersten Versuchsreihe erhaltenen Ergebnissen, welche die aus der Kristallographie des Diamanten zu erwartenden Einflüssen auf die Qualitätsparameter wiederspiegeln. Die Rauheit ist bei einer 45°-Position der B-Achse besser als an der 0°-Position, was auf Grund des besseren Abtragverhaltens auf der (110)-Ebene in [100]-Richtung zu erklären ist. Für die anderen Faktoren kann auf Grund des geringen Effekts keine statistisch relevante Aussage getroffen werden. Der Effekt der C-Achse wurde über die nicht angepasste Auswertung erfasst und kann hier vernachlässigt werden.

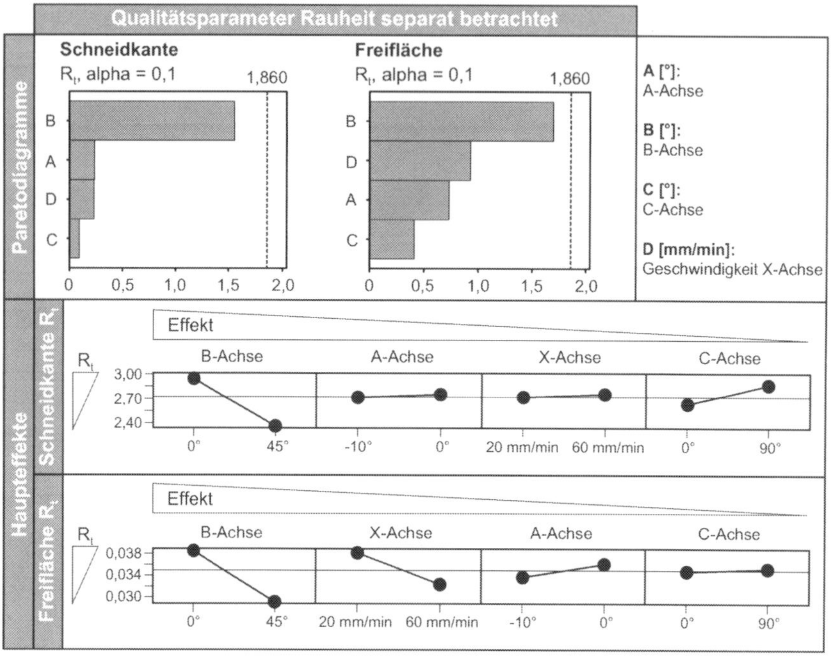

Bild 7.11: Ergebnisse der Auswertung ohne die nicht schleifbaren Richtungen

Results of the analysis without the non-grindable directions

Zusammenfassend lässt sich aus den durchgeführten Versuchen ableiten, dass als signifikante Faktoren für das Konturschleifen monokristalliner Diamantwerkzeuge die Schnittrichtung, welche über die Position der C-Achse eingestellt werden kann, und die Kristallebene die über die B-Achse verändert wird, identifiziert werden konnten. Obwohl die Versuche mit Unsicherheiten behaftet sind, können die abgeleiteten günstigen Einstellungen und Prozessparameter für die Fertigung monokristalliner Diamantwerkzeuge verwendet werden, da die Versuchsergebnisse in guter Übereinstimmung mit den kristallographischen Eigenschaften von Diamant sind. Dies deckt sich auch mit Veröffentlichungen zu diesem Thema, und unterstreicht die gewählte Vorgehensweise.

Zur Abschätzung der Unsicherheiten wurden beim Prozesspunkt C-Achse 0° und B-Achse 0° fünf identische Versuche durchgeführt. Die Ergebnisse hierzu sind in Bild 7.12 dargestellt. Da die Werte an der Freifläche im Sub-µm-Bereich liegen und die Werte an der Schneide im einstelligen µm-Bereich, ist die Skalierung logarithmisch, um beides in einem Diagramm wiedergeben zu können. Im Diagramm sind die Versuchsstreuungen für jeden Parameter durch den höchsten und niedrigsten Wert sowie der jeweilige Mittelwert der fünf Versuche dargestellt. Mit Ausnahme der Formgenauigkeit P_t an der Freifläche weisen alle Parameter eine ausreichend geringe Abweichung auf. Durch die geringen Abmessungen des Diamanten ist auch eine geringe Messlänge zur Ermittlung der vier Parameter bedingt. Dies wirkt sich in der hohen Abweichung bei der Bestimmung der Formgenauigkeit an der Freifläche aus. Im Gegensatz dazu bewertet der Parameter P_t an der Schneide die Größe der Ausbrüche und weist demnach trotz geringer Messlänge eine bessere Varianz auf. Die Ergebnisse dieses Tests zur Reproduzierbarkeit decken sich mit denen aus den durchgeführten Versuchsreihen. In Bezug auf die Signifikanz weisen die Rauheit R_t der Freifläche und die Form P_t der Schneide die höchsten Werte auf. Darauf folgt die Rauheit R_t an der Schneide (siehe Bild 7.6 und Bild 7.11).

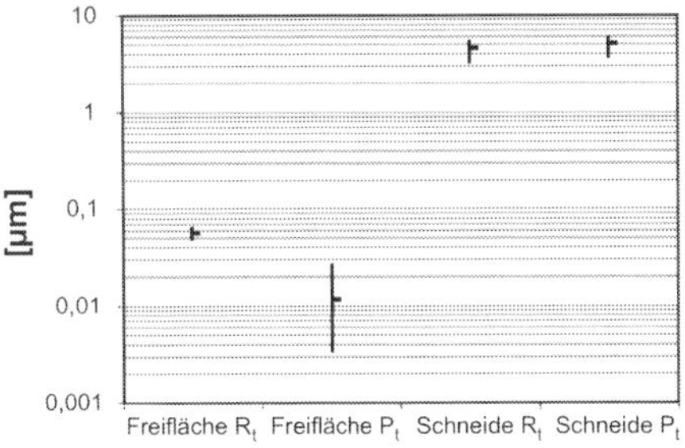

5 Versuche bei C0° und B0°

	Mittelwert	Standard-abweichung	Abweichung
	[µm]	[µm]	[%]
Freifläche R_t	0,05676	0,00729	12,84
Freifläche P_t	0,0117	0,00961	82,1
Schneide R_t	4,60736	0,95639	20,76
Schneide P_t	5,1094	0,97944	19,17

Bild 7.12: Test zur Reproduzierbarkeit

Test on reproducibility

Weiterhin ist eine gute Reproduzierbarkeit der Ergebnisse durch die gewählten Versuchspläne und jeweiligen Auswertungen gegeben. Der für die erste Versuchsreihe verwendete Versuchsplan nach Placket-Burman ist nicht voll besetzt, d.h. dass nicht alle Spalten mit Faktoren belegt sind. Hierdurch kann die Versuchsvarianz (Gleichung 7.3) für jedes Qualitätsmerkmal bestimmt werden und so eine bessere Aussagekraft erzielt werden [PETE91]. In beiden Versuchsreihen werden die einzelnen Faktorstufen in bis zu acht Versuchen getestet. Durch die Auswertung über eine Varianzanalyse [SIEB10] kann damit gut auf den Haupteffekt jeder Faktorstufe geschlossen werden, da bei der Varianzanalyse der Einfluss jedes Faktors auf jeden Qualitätsparameter errechnet wird. Zudem wird bei dieser Auswertung die Versuchsstreuung über den t-Wert berücksichtigt, so dass starke Effekte ermittelt werden können. Zusätzlich müssen die Versuchsergebnisse immer mit den theoretischen Grundlagen, welche für Diamanten in Kapitel 2 erläutert wurden, abgeglichen werden. Da die Ergebnisse in guter Korrelation zu den Eigenschaften des Diamanten stehen, kann auf eine ausreichende Genauigkeit der Versuche geschlossen werden.

7.2 Prozesskraft- und Körperschallmessung

Measurement of process forces and acoustic emission

Die Diamantbearbeitungsmaschine wird über eine konventionelle CNC-Steuerung der Firma Siemens vom Typ 840 D powerline gesteuert. Über eine G-Code-Programmierung werden die Verfahrbefehle und Nebenfunktionen an die Steuerung übergeben. Die Verfahrbefehle in Form von G-Funktionen werden an die Regler der Maschinenachsen weitergegeben, wohingegen die Nebenfunktionen als M-Funktionen an die SPS weitergeleitet werden. Charakteristische Prozessgrößen bei der Bearbeitung von monokristallinem Diamant sind die Prozesskräfte in allen drei Raumrichtungen und der Körperschall. Da das Maschinensystem auch als Prüfstand für Prozessuntersuchungen konzipiert ist, können diese Größen gemessen und aufgezeichnet werden. Das Messsystem zur Aufzeichnung der Kraft- und Körperschallsignale kann über die SPS wie in Bild 7.13 dargestellt, angesteuert werden.

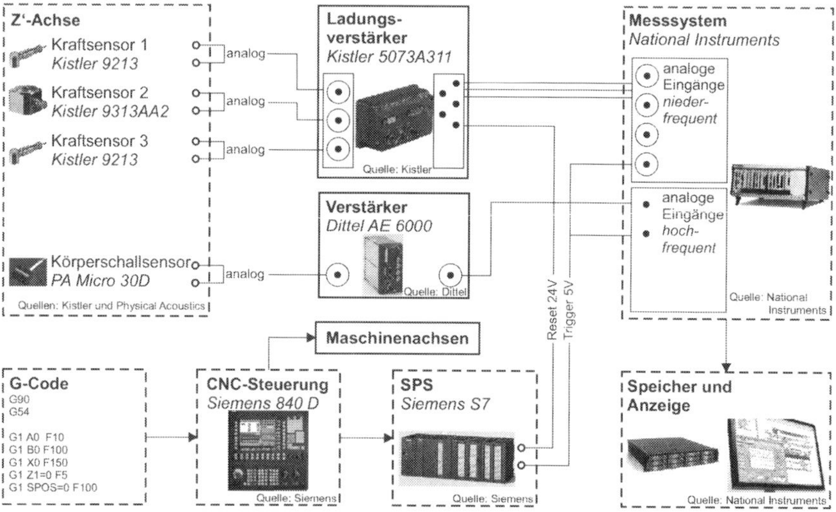

Bild 7.13: Signallaufplan der Kraft- und Körperschallmessung

Signal scheme for the force and acoustic emission measurements

Für die synchrone Aufzeichnung der Kraftsignale als auch des Körperschallsignals wurde ein Labormesssystem der Firma National Instruments vom Typ PXI verwendet. Dieses Messsystem verfügt über zwei verschiedene analoge Eingangskarten, um sowohl die niederfrequenten Kraftsignale bis zu einer Frequenz von 10 kHz als auch das hochfrequente Körperschallsignal bis zu einer Frequenz von 10 MHz zu messen. Hierzu werden die Signale der piezoelektrischen Kraftsensoren über einen Ladungsverstärker an die niederfrequenten Eingänge übergeben. Ebenso wird das Signal des Körperschallsensors über einen Verstärker an einen Eingang der Hochfrequenzkarte übergeben. Da piezoelektrische Kraftsensoren eine zeit- und temperaturabhängige Drift aufweisen [KIST09], können sie über ein Resetsignal, welches über einen M-Befehl durch die SPS an den Ladungsverstärker ausgegeben wird, zurückgesetzt werden. Um eine zeitsynchrone Messung aller Größen zu gewährleisten, kann die Messung über ein Triggersignal, welches ebenfalls über einen M-Befehl gesetzt werden kann, gestartet und gestoppt werden. Da die M-Befehle in den G-Code eingebunden werden, kann über das Triggersignal eine Korrelation zwischen den gemessenen Größen und den Achspositionen der Maschine erstellt werden.

Der Ladungsverstärker für die piezoelektrischen Kraftsensoren gibt ein Spannungssignal aus, welches proportional zur Kraft auf den jeweiligen Sensor ist. Das Verhältnis zwischen Kraft und Spannung ist über eine Kalibrierung der Sensoren durch den Hersteller und den einstellbaren Messbereich am Ladungsverstärker gegeben (hier verwendete Kraft-Spannungs-Verhältnisse: Sensor 1: -2,505 N/V; Sensor 2: -2,5045 N/V; Sensor 3: -2,4985 N/V). Auf Grund der Einbaulage der Sensoren muss jedoch eine weitere Kalibrierung durchgeführt werden. Für die Z'-Achse ist das mechanische Ersatzmodell zur Bestimmung der Prozesskräfte im relativen Koordinatensystem x'-y'-z' am TCP in Bild 7.14 wiedergegeben. Da die Kraftsensoren 1 und 3 weder in der gleichen Ebene der Prozesskräfte noch in deren Wirkungsrichtung liegen, ist eine Umrechnung notwendig. Dahingegen liegt der Kraftsensor 2 in der Wirkungslinie der Kraft $F_{z'}$, um die Prozessnormalkraft direkt erfassen zu können. Hierfür ist demnach keine Umrechnung notwendig.

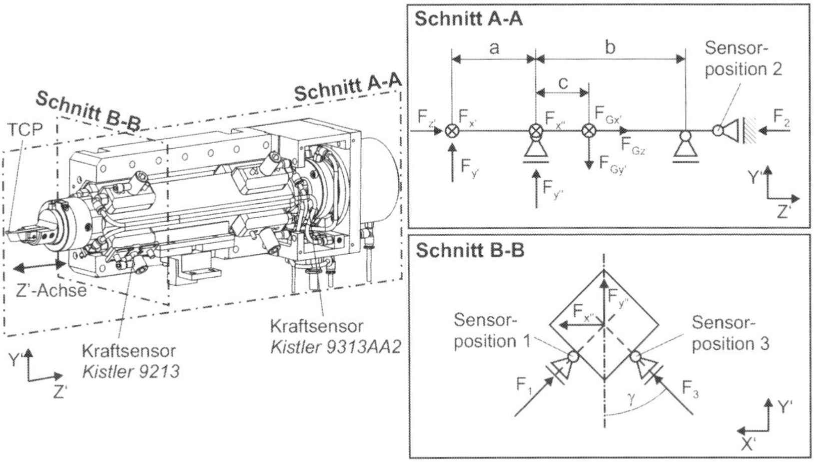

Bild 7.14: Mechanisches Ersatzmodell für die Kraftmessung

Mechanical model for the force measurement

Die an den Sensoren anliegenden Kräfte können mit den Gleichungen 7.4 und 7.5 unter Berücksichtigung des konstanten Winkels $\gamma = 45°$ in das relative Koordinatensystem x'-y'-z' transferiert werden.

$$F_{x''} = F_1 \cos\gamma - F_3 \cos\gamma \tag{7.4}$$

$$F_{y''} = -F_1 \sin\gamma - F_3 \sin\gamma \tag{7.5}$$

Mit den Hebelarmen a, b und c können anhand der Gleichungen 7.6, 7.7 und 7.8 die Prozesskräfte am TCP im relativen Koordinatensystem berechnet werden. Der Hebelarm a ist hierin abhängig von der Position der Z'-Achse und damit variabel gemäß Gleichung 7.9. Da die Z'-Achse im Raum mit der A-Achse geschwenkt und mit der B-Achse gedreht wird, muss der Einfluss der Gewichtskraft des Schlittens in Abhängigkeit der Winkel α (A-Achse) und β (B-Achse) berücksichtigt werden.

$$F_{x'} = \frac{-F_{x''} b - F_G \sin\beta \sin\alpha (b-c)}{a+b} \tag{7.6}$$

$$F_{y'} = \frac{-F_{y''} b + F_G \cos\alpha (b-c)}{a+b} \tag{7.7}$$

$$F_{z'} = F_2 - F_G \cos\beta \sin\alpha \tag{7.8}$$

$$a = Z' + l_z \tag{7.9}$$

Zur Kalibrierung wurden am TCP verschiedene definierte Lasten aufgeprägt und die entsprechenden Spannungswerte der Sensoren ausgelesen. Die Lasten wurden mittels Gewichten in y-Richtung eingeleitet, da in dieser Richtung durch ein Anhängen der Gewichte die geringsten Störgrößen, welche beispielsweise durch Umlenkungen und Reibungen entstehen, eingebracht werden. Mit den gegebenen Kraft-Spannungs-Verhältnissen ergeben sich die im linken Diagramm in Bild 7.15 dargestellten Kraftverläufe an den Sensoren in Abhängigkeit der Lastkraft am TCP.

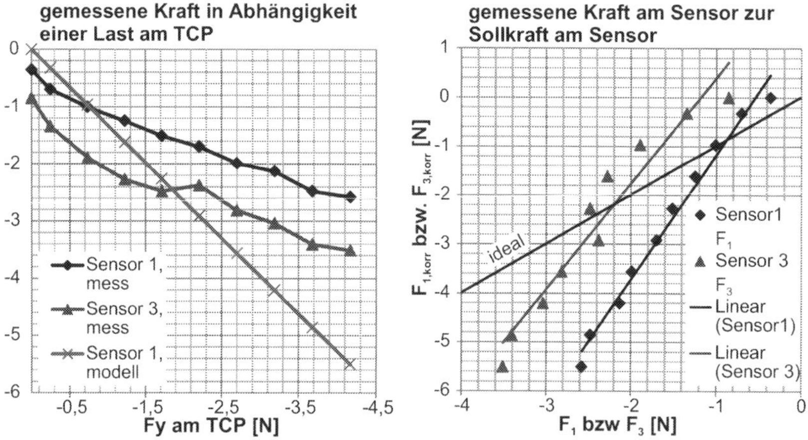

Bild 7.15: Kalibrierung der Sensoren 1 und 3

Calibration of sensors 1 and 3

Gemäß dem Berechnungsmodell sind die Kräfte an den Sensoren 1 und 3 idealerweise gleich groß und haben den gleichen linearen Verlauf wie durch die Modellkurve Sensor 1 dargestellt ist. Die gemessenen Kräfte an den Sensoren weisen ebenso ein nahezu lineares Verhalten in der gleichen Richtung auf. Lediglich die Steigung und die Verschiebung stimmen nicht mit dem theoretischen Modell überein. Folglich muss eine Korrektur zur Kalibrierung der Sensoren ermittelt werden, um die real wirkenden Kräfte am TCP mit dem obigen Modell aus den gemessenen Signalen zu ermitteln. Bei der Kalibrierung werden die gemessenen Kräfte in das Modell transferiert. Das rechte Diagramm in Bild 7.15 stellt die gemessenen Sensorkräfte den Modellkräften an den Sensoren gegenüber. Im idealen Fall würde das dargestellte Verhältnis einer Ursprungsgeraden entsprechen. Mittels einer linearen Ausgleichsrechnung kann für beide Sensoren jeweils eine Geradengleichung (7.10 und 7.11) abgeleitet werden, welche eine Korrektur des gemessenen Wertes durchführt.

$$F_{1,korr} = 2{,}5415 * F_1 + 1{,}3666 \tag{7.10}$$

$$F_{3,korr} = 2{,}1554 * F_3 + 2{,}5497 \tag{7.11}$$

Durch Anwendung dieser korrigierten Sensorwerte im Modell können auf Basis der gemessenen Werte die Kräfte am TCP im relativen Koordinatensystem der Z'-Achse bestimmt werden. Das Ergebnis hierzu ist in Bild 7.16 aufgetragen. Der Verlauf der Kräfte in x und y stimmt gut mit den aufgebrachten Kräften überein. Im Wesentlichen sind die Messfehler auf das Rauschen in der gesamten Messkette zurückzuführen Besonders im interessierenden Bereich zwischen 2 N und 4 N sind die Messfehler am geringsten. Insgesamt kann das System zur Prozesskraftmessung als geeignet und gut für die gestellte Anwendung betrachtet werden.

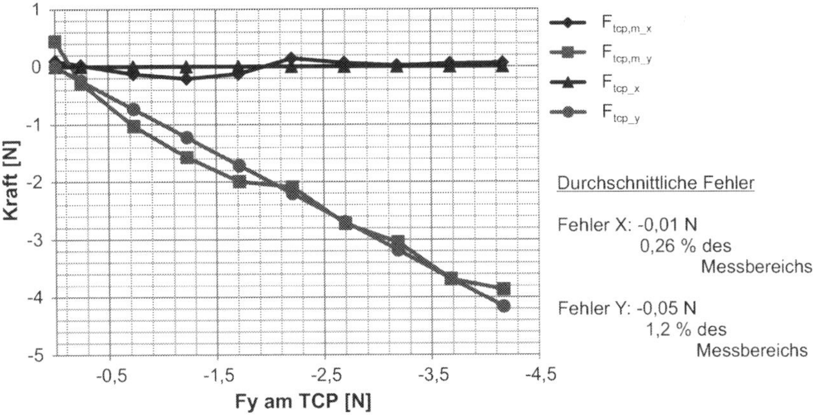

Bild 7.16: Ergebnis der Kraftkalibrierung
Result of the force calibration

Die ermittelten Kräfte am TCP im relativen Koordinatensystem x'-y'-z' können im Anschluss mit einer Rückdrehung um die Winkel α und β der A- und B-Achse in das absolute Maschinenkoordinatensystem gemäß den Gleichungen 7.12, 7.13 und 7.14 umgerechnet werden. Da die Schleifscheibe immer in der gleichen Orientierung des verbleibt, können die Kräfte durch die Übertragung ins absolute Koordinatensystem in der Nomenklatur von Schleifverfahren betrachtet werden. Die Kraft F_z entspricht der Normalkraft beim Schleifen. Auf Grund des möglichen Schleifrichtungswechsels in der Maschine im Gegensatz zu konventionellen Schleifverfahren können in diesem Fall zwei tangentiale Schleifkräfte in x- oder y-Richtung auftreten.

$$F_x = F_{x'} \cos(-\beta) + F_{z'} \sin(-\beta) \tag{7.12}$$

$$F_y = F_{x'} \sin(-\alpha)\sin(-\beta) + F_{y'} \cos(-\alpha) - F_{z'} \sin(-\alpha)\cos(-\beta) \tag{7.13}$$

$$F_z = -F_{x'} \cos(-\alpha)\sin(-\beta) + F_{y'} \sin(-\alpha) + F_{z'} \cos(-\alpha)\cos(-\beta) \tag{7.14}$$

Mit Hilfe des Systems zur Messung der Prozesskräfte und des Körperschalls können auf dem Maschinensystem Prozessuntersuchungen durchgeführt werden. Dies unterstreicht auch den Prüfstandscharakter des Maschinensystems. Im Folgenden wird am Beispiel einer grundlegenden Versuchsreihe diese Möglichkeit dargestellt, und das Schleifen von monokristallinem Diamant näher untersucht.

Wie bereits dargelegt, ist das Abtragsverhalten sowohl von der Schnittrichtung als auch von der zu bearbeitenden Kristallebene abhängig (siehe dazu auch Kapitel 2.2.2 und Bild 2.9). Bisher wurde dieses Verhalten lediglich beim Läppen von monokristallinem Diamant untersucht. Da jedoch beim Schleifen die Diamantkörner zur Bearbeitung im Gegensatz zum Läppen in der metallischen Bindung der Schleifscheibe fest gebunden sind, kann ein davon abweichendes Verhalten des Körperschalls und der Prozesskräfte auftreten. Zudem können auch die Eigenschaften des Maschinensystems einen Einfluss auf die Prozessgrößen haben. Bei der Konturierung eines Diamantwerkzeugs in der geläufigen 100/100-Orientierung werden nur die (100)- und die (110)-Ebene bearbeitet. Aus den Abtragsfunktionen dieser Kristallebenen ist zu entnehmen, dass die weiche Richtung jeweils die [100]-Richtung ist. Der Abtrag ist jedoch in dieser Richtung auf der (110)-Ebene deutlich höher. Daher kann zusammengefasst werden, dass die günstigste Bearbeitung auf der (110)-Ebene in [100]-Richtung erzielt werden kann. Dies konnte bereits anhand der in Kapitel 7.1 durchgeführten Versuche gezeigt werden. In dem Maschinensystem tritt dieser Bearbeitungsfall bei einer B-Achsposition von 45° und einer C-Achsposition von 0° auf. Im Gegensatz dazu wird die (100)-Ebene bei einer Position der B-Achse von 0° bearbeitet. Die [110]-Richtung, in welcher kein Abtrag generiert wird, wird bei der (100)-Ebene erreicht, wenn die C-Achse eine Position von 45° hat. Auf der (110)-Ebene wird die [110]-Richtung erreicht, wenn die C-Achse dort eine Position von 90° einnimmt.

Aus diesen Gründen wurden die beschriebenen vier Extremfälle der Bearbeitung zur Untersuchung der auftretenden Prozesskräfte und des Körperschalls herangezogen. Die Messschriebe für eine Zustellung von 5 µm sind in Bild 7.17 aufgeführt. Die im relativen Koordinatensystem der Z'-Achse gemessenen Prozesskräfte wurden mit Hilfe der Gleichungen 7.12, 7.13 und 7.14 in das Maschinenkoordinatensystem überführt, um eine einheitliche Darstellung und bessere Vergleichbarkeit zu erzielen. Zudem wurde eine Zustellung über die Z-Achse realisiert, um immer eine Zustellung von 5 µm in Richtung der absoluten Maschinenrichtung z zu erhalten. Anhand des Körperschallsignals lässt sich der Abtrag gut erfassen. Die Amplitude des Körperschallsignals ist bei einer Bearbeitung entlang der harten [110]-Richtung bei Betrachtung der gesamten Prozesszeit höher als entlang der weichen [100]-Richtung. Damit kann anhand der Amplitude des Körperschallsignals festgestellt werden, ob ein Abtrag erzeugt wird. Weiterhin lässt sich mit dem Körperschallsignal der erste Kontakt des Werkzeugs mit der Schleifscheibe anhand des abrupten Signalanstiegs zu Beginn der Bearbeitung gut detektieren.

Die Prozesskräfte, welche in Bild 7.17 im absoluten Maschinenkoordinatensystem dargestellt sind, stellen im Unterschied zum Körperschallsignal einen weniger klaren Zusammenhang zur Kristallographie des Diamanten dar. Insgesamt liegen die Prozesskräfte im unteren einstelligen Newtonbereich, wie es bereits in der Anforderungsliste für das hier aufgebaute Maschinensystem berücksichtigt wurde. In den zur Bearbeitung tangentialen Richtungen x und y liegen die durchschnittlichen Kräfte bei maximal 2 N. Bei einer C-Achsposition von 0° entspricht die Bearbeitungsrichtung [100] der y-Richtung im Maschinenkoordinatensystem. Hier ist geringfügig zu erkennen, dass die Prozesskraft in y-Richtung bei Kontakt im Gegensatz zur Prozesskraft in x-Richtung leicht ansteigt. Analog dazu kann dies bei F_x beobachtet werden, wenn die Schnittrichtung entlang der [110]-Richtung erfolgt, welche bei einer C-Achsposition von 90° der x-Richtung im Maschinenkoordinatensystem entspricht.

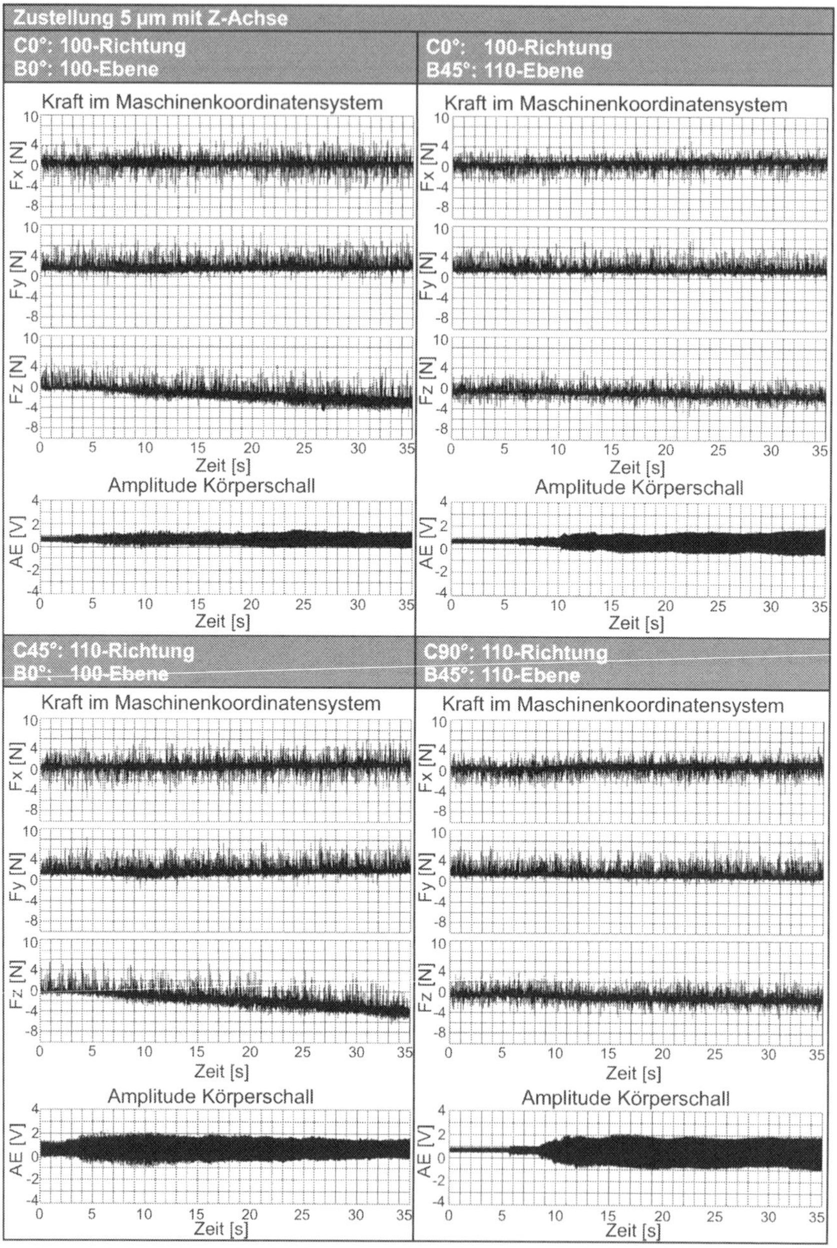

Bild 7.17: Kraft (absolut) und Körperschall in Abhängigkeit der Kristallorientierung

Force (absolute) and AE with respect to crystal orientation

Bezüglich der Prozessnormalkräfte in Z-Richtung ist ein anderes Verhalten zu beobachten. Sie weisen für die (110)-Ebene einen Wert zwischen 0,5 N und 1 N auf. Bei der (100)-Ebene kann festgestellt werden, dass die Prozessnormalkraft kontinuierlich in Bezug auf den durchschnittlichen Wert ansteigt. Da dies entlang der harten Richtung [110] als auch der weichen Richtung [100] auftritt, kann dies darauf zurückgeführt werden, dass bei der Bearbeitung der (100)-Ebene die Tauchspule direkt in Richtung der Kraft F_z im absoluten Maschinenkoordinatensystem ausgerichtet ist. Die Wegregelung der Tauchspule verstärkt kontinuierlich die Kraft der Tauchspule, um die eingestellte Position zu erreichen. Innerhalb der betrachteten Prozesszeit reicht der Abtrag nicht aus, um die Position zu erreichen, so dass die Prozesskraft in z-Richtung kontinuierlich ansteigt. Dieser Effekt tritt durch die Anstellung der Z'-Achse zur Schleifscheibe unter 45° bei Bearbeitung der (110)-Ebene nicht auf, da die Zustellung über die Z-Achse erfolgt, und die Nachgiebigkeit des gesamten Systems Schlitten der Z'-Achse mit Werkzeughalter, Lagerung und Werkzeug eine Verkippung um die y-Achse bewirkt. Hierdurch ist eine Verlagerung am TCP in z-Richtung bedingt, so dass die Prozesskraft in z-Richtung vermindert wird. Zudem wird die Verkippung nicht durch das Wegmesssystem der Z'-Achse erfasst und führt demzufolge nicht zu einer Erhöhung der Kraft durch die Tauchspule.

Zusätzlich wurde der Effekt verschiedener Zustellungen auf das Körperschallsignal und die Prozesskräfte bei einer Bearbeitung der (100)-Ebene entlang der [100]-Richtung untersucht. Die zugehörigen Messschriebe sind in Bild 7.18 aufgetragen. Bezüglich des Körperschallsignals ist zu erkennen, dass die Amplitude mit zunehmender Zustellung ebenfalls ansteigt. Jedoch ist der Anstieg zwischen einer Zustellung von 1 µm und 5 µm deutlich stärker als zwischen einer Zustellung von 5 µm und 10 µm. Bei allen drei Zustellungen ist der erste Kontakt mit der Schleifscheibe detektierbar. Das Verhalten der Prozesskräfte unterstreicht die Beobachtungen, welche in Bild 7.17 dargestellt wurden. Die Prozesskraft F_x ist nahezu null, wohingegen die Prozesskraft F_y, welche in Schnittrichtung liegt, mit steigender Zustellung zunimmt. Für die Prozesskraft F_z gilt dies ebenfalls. Durch den minimalen Kontakt bei einer Zustellung von 1 µm steigt F_z hier nicht an, da die Wegregelung auf kleinste Schritte von 1 µm eingestellt ist.

Zusammenfassend kann festgehalten werden, dass das Körperschallsignal eine bessere Aussagekraft über den Schleifprozess von monokristallinen Diamanten aufweist, da der Abtrag hiermit besser überwacht werden kann. Zusätzlich lässt sich mit dem Körperschallsignal eine gute Anschnitterkennung, auch mit geringen Zustellungen, umsetzen. Das System zur Messung der Prozesskraft eignet sich jedoch dazu, eine Bewertung des Schleifprozesses durchzuführen und die Eigenschaften des Maschinensystems zu analysieren. So konnte in erster Linie festgestellt werden, dass die Kräfte auch beim Schleifen bei geringen Zustellungen auf dem verwendeten Maschinensystem im unteren einstelligen Newtonbereich liegen. Dies validiert die Auslegung des Maschinensystems und die Eignung für die Bearbeitung von monokristallinen Diamanten.

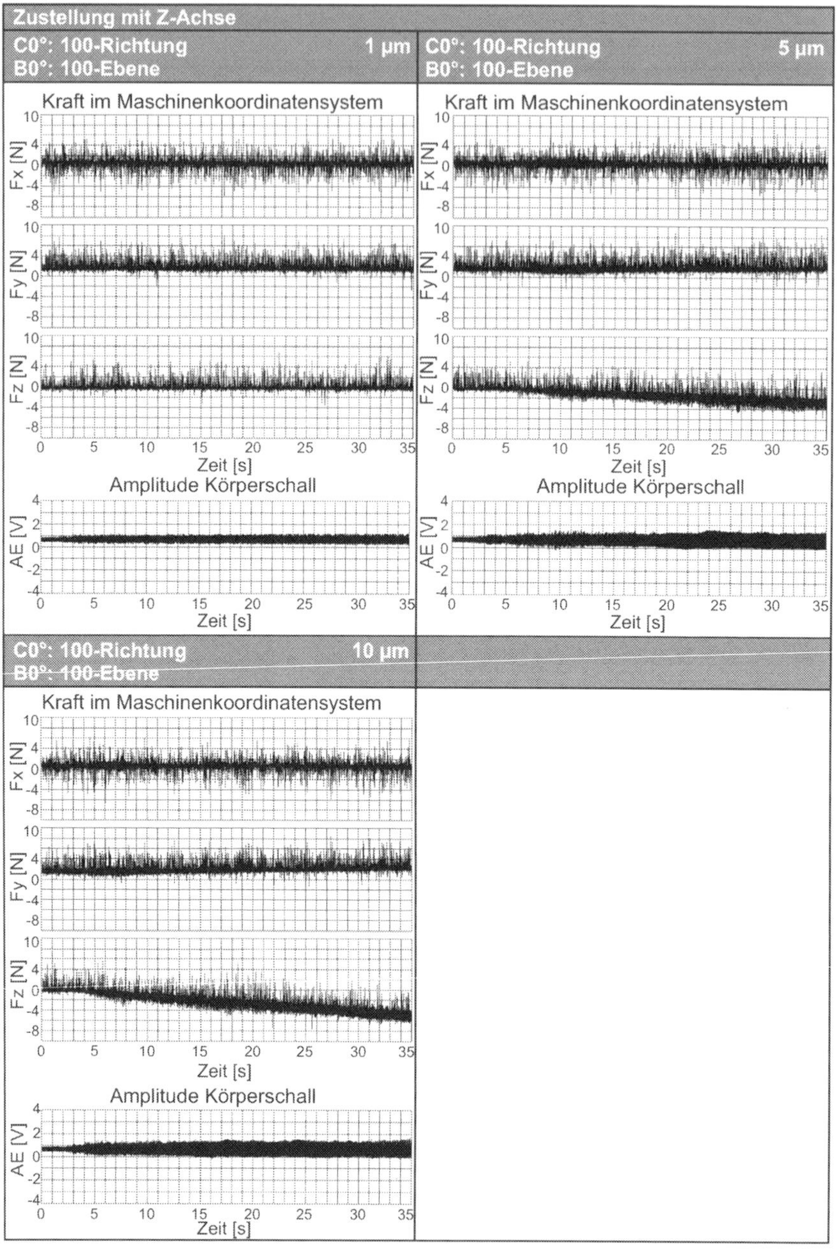

Bild 7.18: Kraft (absolut) und Körperschall bei verschiedenen Zustellungen

Force (absolute) and AE at different infeeds

7.3 Prozessstrategie zur Herstellung asphärischer Diamantwerkzeuge

Process strategies for machining free-form diamond tools

Die Prozessstrategie zur Herstellung monokristalliner Diamantwerkzeuge beinhaltet im Wesentlichen die Ableitung der Verfahrbewegungen der Achsen auf Basis der Maschinenkinematik, um die gewünschte Kontur des Werkzeugs herzustellen. In diesem Kapitel wird nur das kinematikbezogene Teilsystem der Diamantbearbeitungsmaschine betrachtet. Die Einstellungen oder Verfahrbewegungen des materialbezogenen Teilsystems erfolgen anhand der in den vorhergehenden Kapiteln erarbeiteten Erkenntnisse. Da die Zielkontur die Schneidkante des Werkzeugs darstellt, ist der Schleifprozess eine zweidimensionale Kinematik in der Ebene. Bei der Konzeption der Maschine wurde dies berücksichtigt mit dem Ziel, möglichst wenige Achsen während der Bearbeitung zu gebrauchen, um damit die Genauigkeit der Bearbeitung zu erhöhen. Zur Erzeugung der Werkzeugkontur werden bei dem aufgebauten Maschinensystem nur die B-, Z- und Z'-Achse benötigt. Die A-Achse hat keinen direkten Einfluss auf die Kontur der Schneidkante, weswegen sie an dieser Stelle zunächst nicht betrachtet wird.

In Bild 7.19 ist die Erzeugung der Werkzeugkontur für Werkzeuge mit stetiger Kontur und die Auswirkungen der formgebenden Achsen skizziert. Facetten- und V-Formwerkzeuge verfügen nicht über eine stetige Kontur und können durch einfaches Positionieren der Achsen zueinander realisiert werden. Da die A-Achse keinen direkten Einfluss auf die Kontur hat, sind die Fälle mit einer A-Achsposition von 0° dargestellt. In der Maschinenkinematik pendelt die rotative B-Achse zwischen den eingestellten Endwinkeln, welche die halben Öffnungswinkel $\varphi_0/2$ des herzustellenden Werkzeugs sind. Dadurch rollt die Schleifscheibe, wie in Bild 7.19 links oben dargestellt, entlang der zu fertigenden Kontur ab. Der Radius eines Werkzeugs wird durch den Abstand der Schleifscheibe zur Drehachse der B-Achse definiert. Demzufolge wird durch eine Zustellung der Z-Achse der Abstand verkleinert, sodass mehr Material am Werkzeug abgetragen wird, und ein kleinerer Radius erzeugt wird. Da die Z'-Achse auf der B-Achse montiert ist, ändert eine Zustellung der Z'-Achse nicht den Abstand zwischen der Schleifscheibe und der Drehachse der B-Achse. Folglich bleibt der gefertigte Werkzeugradius gleich. Über die Z'-Achse kann im Fall eines Radiuswerkzeugs die gleiche Kontur nachbearbeitet werden oder ausgehend von einem Rohwerkzeug eine schrittweise Annäherung an die Endkontur erfolgen. Für die Fertigung eines Radiuswerkzeugs wird basierend auf den kinematischen Randbedingungen und dem Abtragsverhalten zunächst die Z-Achse auf den zur Erzeugung des gewünschten Radius notwendigen Abstand zur Schleifscheibe eingestellt. Die B-Achse pendelt zwischen den eingestellten Winkelpositionen. Über die Z'-Achse wird nach jedem Pendelhub schrittweise zugestellt, bis die Schleifscheibe das Werkzeug über den gesamten Öffnungswinkel bearbeitet hat und die Kontur ohne Fehlstellen erzeugt wurde.

Die Neuheit des in dieser Arbeit aufgebauten Maschinensystems besteht in der Befähigung zur Herstellung asphärischer Diamantwerkzeuge, zu denen auch asphärische Werkzeugkonturen zählen. Prinzipiell erfolgt die Fertigung ähnlich wie bei der Bearbeitung von Radiuskonturen. Mit der Z-Achse wird ein fester Abstand zwischen der Schleifscheibe und der Drehachse der B-Achse eingestellt und die B-Achse pendelt zwischen den Endwinkeln des gewünschten Öffnungswinkels. Im Gegensatz zur Bearbeitung von Radiuskonturen wird die Z'-Achse nicht nur schrittweise zwischen den Pendelhüben der B-Achse zugestellt, sondern auch während der Pendelhübe in Abhängigkeit der Winkelposition der B-Achse. Die Winkelposition der B-Achse und die Zustellung der Z'-Achse werden dabei durch die zu fertigende Kontur vorgegeben, sodass der Abstand r_i zwischen dem Kontaktpunkt der Schleifscheibe mit dem Werkzeug P_{ri} eine Funktion der Achspositionen Z, Z' und β ist.

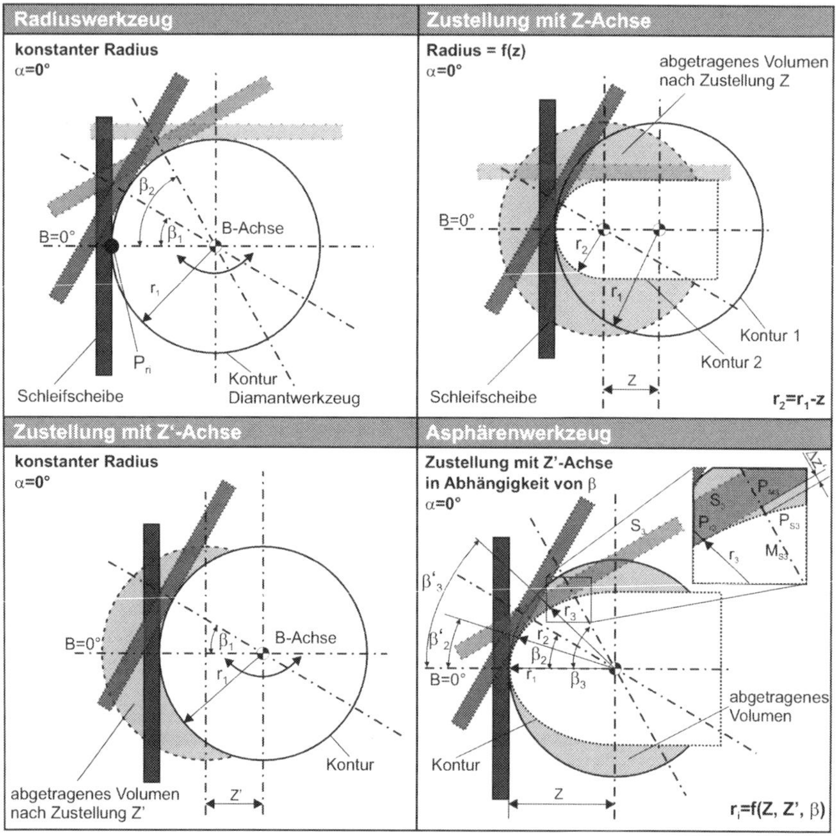

Bild 7.19: Auswirkung der Zustellachsen auf die Werkzeugkontur

Effects of the infeed axis on the tool contour

Bei der Ableitung der Verfahrbewegungen und Positionen der Achsen ist zu beachten, dass die schleifende Bearbeitung der Werkzeugkontur mit einer ebenen Schleifscheibe im Axialkonturschleifverfahren erfolgt. Daher können mit diesem Verfahren nur konvexe Geometrien gefertigt werden. Am Kontaktpunkt P_{ri} der Schleifscheibe mit der Kontur ist die Schleifscheibe tangential zur Kontur orientiert. Bei einer Radiuskontur steht der Ortsvektor r_i, welcher seinen Ursprung in der Drehachse der B-Achse hat, orthogonal zur Tangente und damit zur Schleifscheibe am Kontaktpunkt P_{ri}. Zugleich ist der Winkel β_i zwischen dem Ortsvektor und der Nulllage der B-Achse identisch mit der Winkelposition der B-Achse. Durch die winkelabhängige Zustellung der Z'-Achse und die tangentiale Kontaktbedingung der Schleifscheibe mit dem Werkzeug steht der Ortsvektor von der Drehachse zum Kontaktpunkt bei einer asphärischen Werkzeugkontur nicht orthogonal zur Tangente. Dieser Zusammenhang ist in Bild 7.19 unten rechts dargestellt. Weiterhin entspricht der Winkel zwischen dem Ortsvektor und der Nulllage der B-Achse nicht der Winkelposition der B-Achse. An der Winkelposition der B-Achse ergibt sich auf einer zur Schleifscheibe orthogonalen Linie und der Drehachse ein Abstand $\Delta z'$ zwischen dem Schnittpunkt mit der Schleifscheibe P_{Mi} und der Werkzeugkontur P_{Si}. Bei einer Radiuskontur liegen diese Punkte zusammen und bilden den Kontaktpunkt mit der Schleifscheibe. Dies muss bei der Bahnplanung zur Fertigung von asphärischen Werkzeugkonturen berücksichtigt werden.

Am Beispiel einer asphärischen Werkzeugkontur soll die Vorgehensweise im Folgenden erläutert werden. Die Geometrie einer asphärischen Werkzeugkontur ist in Bild 7.20 mit den entsprechenden Variablen skizziert.

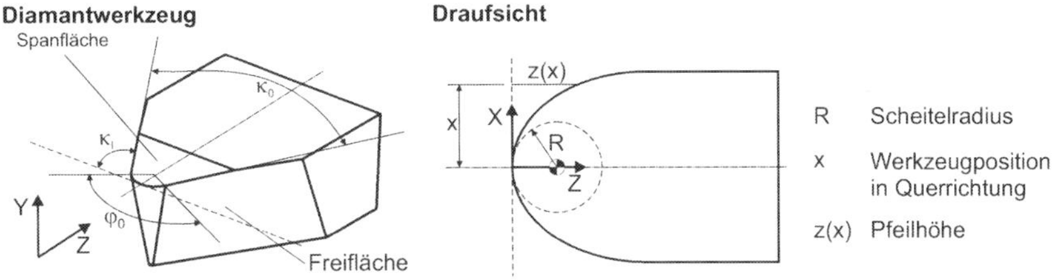

Bild 7.20: Beschreibung eines asphärischen Diamantwerkzeugs

Description of an aspheric diamond tool

Die Pfeilhöhe z(x) kann in Abhängigkeit der Werkzeugposition in Querrichtung x anhand der Gleichung 7.15 berechnet werden. Darin wird die Form der Asphäre über die konstanten Parameter Scheitelradius R, konische Konstante k und die Asphärenkoeffizienten A_i definiert. Über die konische Konstante wird der Typ der Kurve bestimmt, welche zum Beispiel ein Kreis, eine Parabel oder eine Hyperbel sein kann. [DIN09].

$$z_A(x) = \frac{1}{R}\frac{x^2}{1+\sqrt{1-(k+1)\left(\frac{x}{R}\right)^2}} + \sum A_i x^i, i = 2,4...n \tag{7.15}$$

Basierend auf dieser Beschreibung der Werkzeugkontur werden die Achspositionen für die Z-, Z'- und B-Achse an jedem Punkt x ermittelt. Bei der Betrachtung aus einem relativen Koordinatensystem x'-z', dessen z'-Achse der gleichnamigen Achse des Maschinensystems entspricht, rollt die Schleifscheibe in diesem Koordinatensystem auf der Kontur ab. Dabei bildet die Schleifscheibe immer die Tangente am Kontaktpunkt zur Werkzeugkontur. Die Tangente berechnet sich durch die erste Ableitung der konturgebenden Funktion (Gleichungen 7.16 und 7.17), welche hier durch Gleichung 7.15 gegeben ist, am jeweiligen Punkt x.

$$(z'(x'))' = \frac{2x'}{R(1+D)}\left[1+\frac{x'^2(k+1)}{2R^2(1+D)D}\right] + \sum iA_i x'^{(i-1)} \tag{7.16}$$

$$D = \sqrt{1-(k+1)\left(\frac{x'}{R}\right)^2} \tag{7.17}$$

Da die Tangente die Steigung im Kontaktpunkt darstellt, entspricht dies der Winkelposition der B-Achse gemäß Gleichung 7.18.

$$B = \frac{180}{\pi}\arctan((z'(x'))') \tag{7.18}$$

Für die Position der Z-Achse wird analog zur Fertigung von Radiuswerkzeugen ein fester Wert eingestellt, welcher im Fall einer Asphäre dem Scheitelradius R entspricht. Folglich muss die Abweichung der Asphäre von einer Kreisform mit dem Radius R am Punkt x' durch die Z'-Achse der Maschine eingestellt werden. Die Position der Z'-Achse ist demnach die Differenz (Gleichung 7.19) zwischen der Asphärenkontur und der Kreiskontur (Gleichung 7.20).

$$Z' = z_A(x') - z_K(x') \tag{7.19}$$

$$z_K(x') = R - \sqrt{R^2 - x'^2} \tag{7.20}$$

In Bild 7.21 sind die Achspositionen für eine beispielhafte Asphärenkontur skizziert. Die Parameter der Asphäre, insbesondere die Asphärenkoeffizienten, entsprechen nicht den Werten für anwendungsrelevante Asphären, wurden jedoch auf Grund einer besseren Veranschaulichung im Diagramm gewählt. Da die Abweichung zwischen Asphäre und Kreis parallel zur z'-Koordinatenrichtung liegt, ist zur Bestimmung der Z'-Achsposition keine Abhängigkeit vom Winkel β_i vorhanden. Anhand des Diagramms ist zu erkennen, dass sich die Kontur der Asphäre aus der Kreiskontur und der berechneten Position der Z'-Achse ergibt.

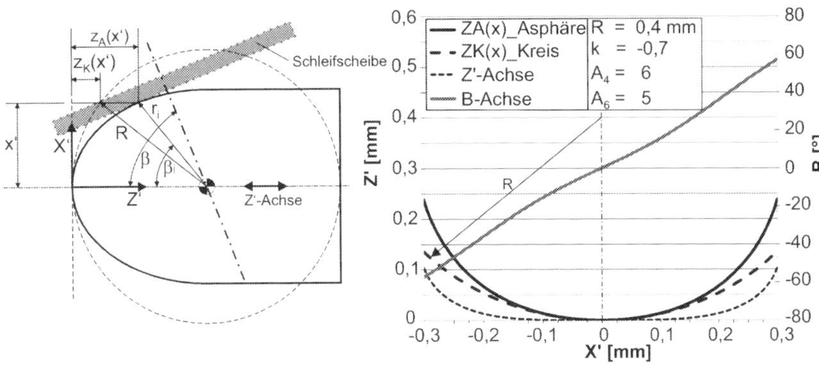

Bild 7.21: Fertigung einer asphärischen Kontur

Machining an aspheric contour

7.4 Optimierung der Maschine

Optimization of the machine

Das Maschinensystem zur Endbearbeitung von Diamantwerkzeugen verfügt zur Realisierung der erforderlichen Kinematik über eine Dreh-Schwenkeinheit, welche durch die A-Achse und die B-Achse gebildet wird. Eine wesentliche Schwierigkeit bei der Fertigung und Montage von Dreh-Schwenkeinheiten, wie sie durch die vorgestellte Kombination aus A- und B-Achse umgesetzt wurde, ist der Achsversatz zwischen der Mitte der A-Achse und der B-Achse. Im idealen Fall sollten sich beide Achsen in einem Punkt schneiden und dieser Schnittpunkt sollte in jeder Winkelstellung der beteiligten Achsen konstant bleiben. Auf Grund von fertigungs- und montagebedingten Toleranzen ist dies jedoch bei realen Maschinensystemen nicht der Fall, weswegen eine Abschätzung zum Einfluss dieses Fehlers auf das angestrebte Bearbeitungsergebnis und eine Bestimmung dieses Fehlers durchgeführt werden müssen.

Da bei der hier betrachteten Diamantbearbeitung lediglich ein Linienkontakt zwischen der Schleifscheibe und dem zu bearbeitenden Diamantwerkzeug auftritt, ist eine zweidimensionale Betrachtung des Achsversatzes ausreichend. In Bild 7.22 sind die für diesen Fall auftretenden Achsfehler ΔABz und ΔASy am Beispiel eines rechteckigen Diamantwerkzeugs, welches sich im Eingriff mit der Schleifscheibe befindet, dargestellt. Der Achsfehler ΔABz ergibt sich durch die Fertigungs- und Montagefehler zwischen der A- und der B-Achse und ist damit eine feste Eigenschaft der Drehschwenkeinheit. Im Gegensatz dazu ist der Fehler ΔASy, welcher der Abstand zwischen der A-Achse und der Spanfläche des Diamantwerkzeugs in y-Richtung ist, abhängig von der Lage der Spanfläche des Diamantwerkzeugs. Diese ist jedoch für jedes Diamantwerkzeug auf Grund dessen Einspannung und Ausrichtung in der Werkzeugaufnahme verschieden. Zudem wird mit der Diamantschleifmaschine die Spanfläche ebenfalls bearbeitet, so dass sich die Lage der Spanfläche auch während der Bearbeitung ändert. Hierdurch besteht jedoch die Möglichkeit, den Einfluss dieses Fehlers zu eliminieren, so dass nur noch der Achsversatz ΔABz bei der Bearbeitung berücksichtigt werden muss. Um jedoch einen vollständigen Überblick bezüglich der Fehlergrößen, welche einen Einfluss auf das Bearbeitungsergebnis haben, zu erhalten, wurde der Fehler ΔASy in den Betrachtungen ebenfalls berücksichtigt.

Die vier möglichen Fälle für den Achsversatz, die in Bild 7.22 skizziert sind, zeigen, dass die Lage der Achsen zueinander und in Relation zum Diamantwerkzeug einen unterschiedlichen Einfluss auf die gefertigte Kontur am Werkzeug hat. Liegt die A-Achse oberhalb der Spanfläche (Fall 1 und Fall 2), so wird das Diamantwerkzeug bei einer Drehung der A-Achse in die Schleifscheibe bewegt und das Maß der zu fertigenden Kontur wird kleiner. Im Gegensatz dazu wird weniger Material abgetragen, wenn die A-Achse unterhalb der Spanfläche liegt (Fall 3 und Fall 4). Analog dazu wird mehr Material abgetragen, wenn die A-Achse zwischen der Schleifscheibe und der B-Achse (Fall 1 und Fall 3) liegt. Wenn die B-Achse zwischen der Schleifscheibe und der A-Achse (Fall 2 und Fall 4) liegt, wird weniger Material abgetragen.

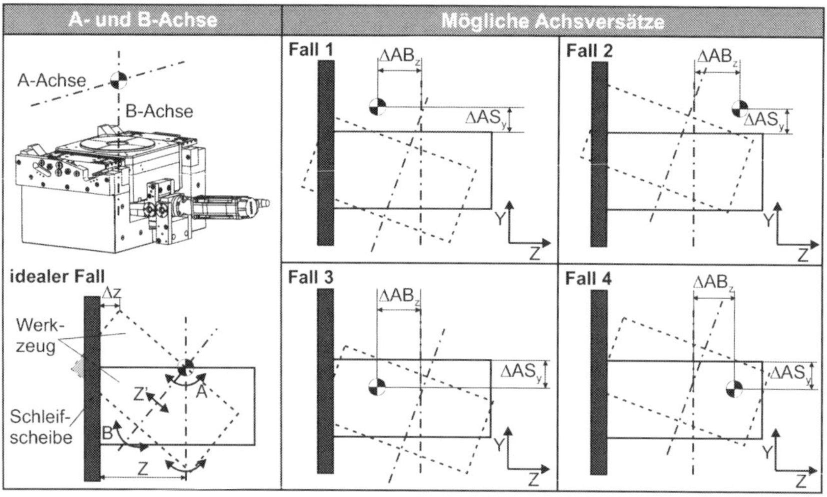

Bild 7.22: Fehler durch Achsversatz A- und B-Achse

Errors due to misalignment of A- and B-axis

Zur Abschätzung des daraus resultierenden Fertigungsfehlers und der späteren Kompensation dieses Fehlers müssen sowohl der vorliegende Fall als auch der Achsversatz ΔAB_z und der Höhenversatz ΔAS_y messtechnisch bestimmt werden. Mit Hilfe der im Maschinensystem verbauten Mikroskopkamera und einem Millitrontaster kann die Schneidkante eines Diamantwerkzeugs in y- und z-Richtung erfasst werden, und ihre relative Lageänderung ausgehend von einem Nullpunkt bei einer Schwenkbewegung der A-Achse ermittelt werden. Die Fotos in Bild 7.23 zeigen exemplarisch die Verlagerung der Schneidkante des Diamantwerkzeugs infolge einer Schwenkbewegung der A-Achse. Weiterhin sind in diesem Bild die Messergebnisse zur Bestimmung des Achsversatzes und des Höhenversatzes dargestellt. Durch eine Kreisinterpolation kann schließlich die Lage der Achse zur Schneidkante des Diamantwerkzeugs bestimmt werden. Über die Mikroskopkamera kann die Lage der B-Achse zur Schneidkante ermittelt werden, indem die B-Achse geschwenkt wird und das Diamantwerkzeug mit der Z'-Achse verfahren wird, bis der Drehpunkt auf der Schneidkante liegt. Wie im Diagramm dargestellt, ergeben sich dann daraus der Achsversatz ΔAB_z zu -0,092 mm und der Höhenversatz ΔAS_y zu 0,735 mm. Folglich liegt der Fall 1 aus Bild 7.22 vor, welcher dazu führt, dass der Radius des Diamantwerkzeugs bei einer geschwenkten A-Achse kleiner gefertigt wird.

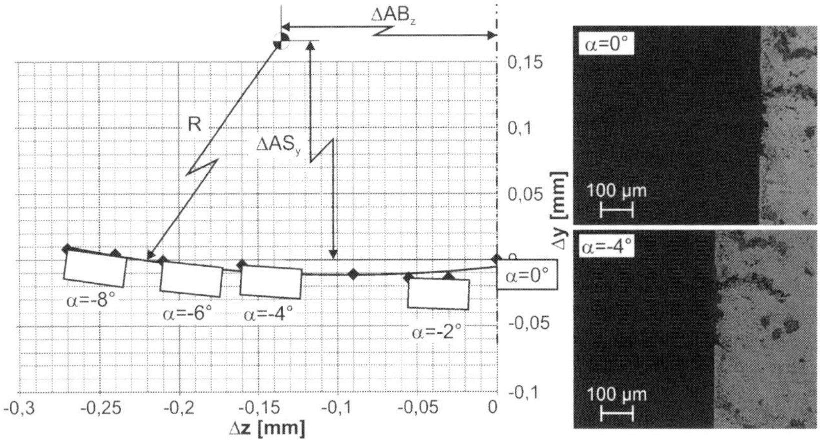

Bild 7.23: Messung des Achsversatzes in y- und z- Richtung

Measuring the misalignment in y- and z- direction

Der Konturfehler Δr kann mit den Gleichungen 7.21, 7.22 und 7.23 für den identifizierten Fall analytisch berechnet und zur Korrektur des Fertigungsprozesses herangezogen werden (siehe Skizzen in Bild 7.24).

$$\Delta y = c\sin(\xi + \alpha) - \Delta AS_y \tag{7.21}$$

$$\Delta z = \Delta AB_z - c\cos(\xi + \alpha) \tag{7.22}$$

$$\Delta r = \sqrt{\Delta y^2 + \Delta z^2}\,\sin\left(\arctan\left(\frac{\Delta z}{\Delta y}\right) - \alpha\right) \tag{7.23}$$

Die Ergebnisse für verschiedene angenommene Fehlergrößen bei einem Schwenkwinkel der A-Achse von -15° sind in Bild 7.24 dargestellt. Hierbei zeigt sich, dass der Einfluss des festen Achsfehlers ΔAB_z in der gleichen Größenordnung liegt wie der Einfluss des variablen Höhenfehlers ΔAS_y. Da der Achsfehler ΔAB_z konstant ist und nicht von den Abmaßen des Rohwerkzeugs abhängt, kann hierdurch eine gute Kompensation durchgeführt werden. Im Gegensatz dazu beinhaltet der Höhenfehler ΔAS_y die Höhe des Diamantwerkzeugs, welche bei jedem Werkzeug unterschiedlich ist und durch das Läppen der Spanfläche auf der Maschine verändert wird. Jedoch kann die Höhe eines Werkzeugs gemessen und so der Höhenfehler bestimmt und ebenfalls kompensiert werden.

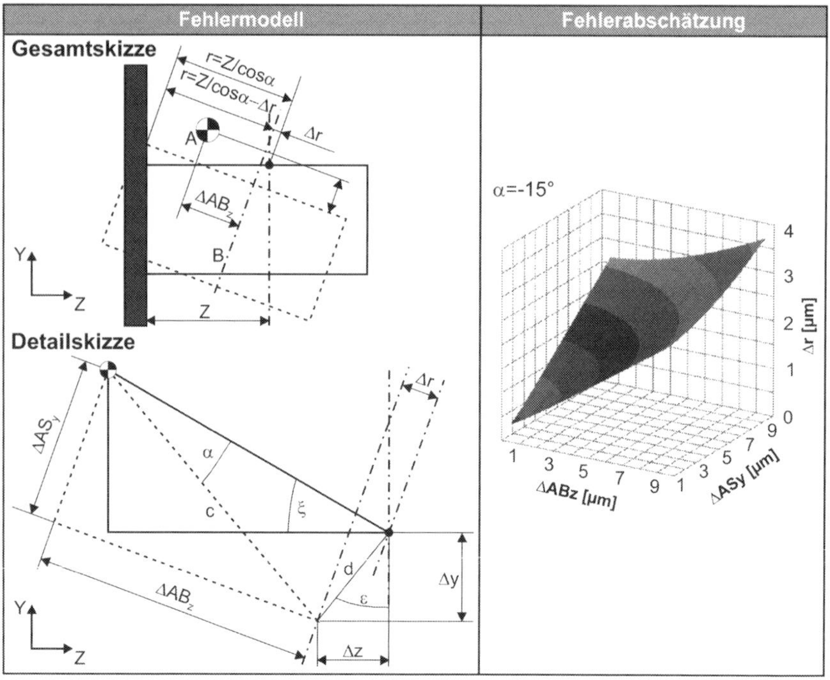

Bild 7.24: Radiusfehler in Abhängigkeit der Achsfehler

Error of the radius according to axes errors

7.5 Fertigung und Anwendung der Diamantwerkzeuge

Production and application of diamond tools

Um das aufgebaute neue Maschinensystem und die Ergebnisse der durchgeführten Prozessuntersuchungen final zu validieren, wurden Demonstratorwerkzeuge hergestellt. Durch eine Charakterisierung der Demonstratorwerkzeuge kann auf die Prozessfähigkeit der Diamantbearbeitungsmaschine geschlossen werden. Anschließend wurden die gefertigten Werkzeuge anhand von Dreh- und Hobelbearbeitungen in einer Anwendung erprobt.

Zur Herstellung der Werkzeuge werden synthetische monokristalline Diamanten verwendet, welche mittels Hartlöten auf einem Molybdänschaft aufgelötet sind. Als Kristallorientierung wird eine 100/100-Orientierung herangezogen. Die Fertigung der Diamantwerkzeuge erfolgt dann in zwei Stufen. Zunächst wird die Kontur des Werkzeugs geschliffen. Der entsprechende Prozess auf dem Maschinensystem ist in der linken Abbildung in Bild 7.25 dargestellt. Im Anschluss daran wird die Spanfläche geläppt, um die Schneidkante zu schärfen.

Bild 7.25: Fertigung der Diamantwerkzeuge

Production of diamond tools

Das erste Demonstratorwerkzeug hat eine Radiuskontur mit einem konstanten Radius von 1,8 mm und einem Freiwinkel von 5°. Die Eigenschaften des Werkzeugs und das mit dem Werkzeug gefertigte Probewerkstück sind in Bild 7.26 dargestellt. Das Probewerkstück besteht aus einem Stahlgrundkörper mit einem Durchmesser von 15 mm, welcher mit einer 500 µm dicken Nickelphosphorschicht (NiP) beschichtet ist. Durch die NiP-Schicht kann das Probewerkstück mit einem monokristallinen Diamantwerkzeug bearbeitet werden, da Stahl nicht direkt mit Diamant zerspant werden kann. Zudem lassen sich in NiP auf Grund seiner amorphen Struktur die höchsten Oberflächengüten erzielen, und es können Mikrostrukturen am besten abgebildet werden [NIEH13]. Daher wurde mit dem Demonstratorwerkzeug über ein Einstechdrehverfahren eine Nut in das Probewerkstück eingebracht, um die Werkzeugkontur direkt im Werkstück abzubilden. Dies ermöglicht zum einen die indirekte Charakterisierung der Werkzeugkontur über eine taktile Messung der gefertigten Nut und zum anderen eine Charakterisierung der Schneidkante des Werkzeugs in Bezug auf Ausbrüche.

In Bild 7.26 sind die Messergebnisse der Werkzeugcharakterisierung dargestellt. Mit dem Messgerät Taylor Hobson Form Talysurf wurde sowohl die Kontur des Diamantwerkzeugs als auch die mit dem Werkzeug gefertigte Nut gemessen. Der Radius der Schneidkante bildet sich direkt im Werkstück ab. Zur Überprüfung des Fehlermodells aus Kapitel 7.4 wurde das Radiuswerkzeug mit einem Sollradius von 1,8 mm und einem Freiwinkel von 5°, welcher den notwendigen Schwenkwinkel der A-Achse vorgibt, ohne Kompensation des Radiusfehlers gefertigt. Nach der Bearbeitung konnte ein Istradius von 1,646 mm ermittelt werden. Über das Fehlermodell und die gemessenen Achsfehler errechnet sich ein Radiusfehler von -0,193 mm. Das gefertigte Werkzeug weist eine Abweichung von -0,154 mm auf. Damit besteht zwischen berechnetem Fehler und am gefertigten Werkzeug gemessenen Fehler eine geringe Abweichung von 39 µm. Gründe für den Unterschied sind die Messfehler bei der Bestimmung des Werkzeugradius als auch bei der Bestimmung der Achsfehler. Weiterhin ist zu berücksichtigen, dass die Achsfehler abhängig vom Schwenkwinkel der A-Achse sind, was durch die Kreisinterpolation geglättet wurde. Insgesamt kann das Modell damit zur Berechnung der Radiuskorrektur herangezogen werden.

Weiterhin ist zu beachten, dass der gemessene Radius am Werkzeug kleiner ist als am Werkstück, da die Kontur des Werkzeugs an dessen Freifläche unterhalb der Schneidkante gemessen wurde. Auf Grund der konischen Form der Freifläche ist der Radius an der gemessenen Stelle kleiner. Über den Wert P_t wird die Formabweichung des Werkzeugs beschrieben. Diese ist im Fall eines Radiuswerkzeugs die sogenannte Radiuswelligkeit und liegt mit einem Wert unterhalb von 0,4 µm über einer Länge von 0,66 mm, welches einem Öffnungswinkel von 22,7° entspricht, in einem mittleren Qualitätsniveau für monokristalline Diamantwerkzeuge. Das 3D-Profil im Nutgrund zeigt, dass das Werkzeug eine gute Ausbildung der Schneidkante aufweist. Lediglich einige Ausbrüche werden als Riefen im 3D-Profil wiedergegeben. Anhand der Fotos in Bild 7.26 wird die Qualität des gefertigten Werkstücks deutlich. Der Bereich zwischen der Nut und der Außenkontur des Werkstücks wurde zusätzlich mit dem Diamantwerkzeug plangedreht. An dieser Stelle ist eine Rauheit von 0,48 nm Ra messbar, was in NiP typischerweise erreichbar ist. Dies validiert die hohe Schärfe des gefertigten Radiuswerkzeugs.

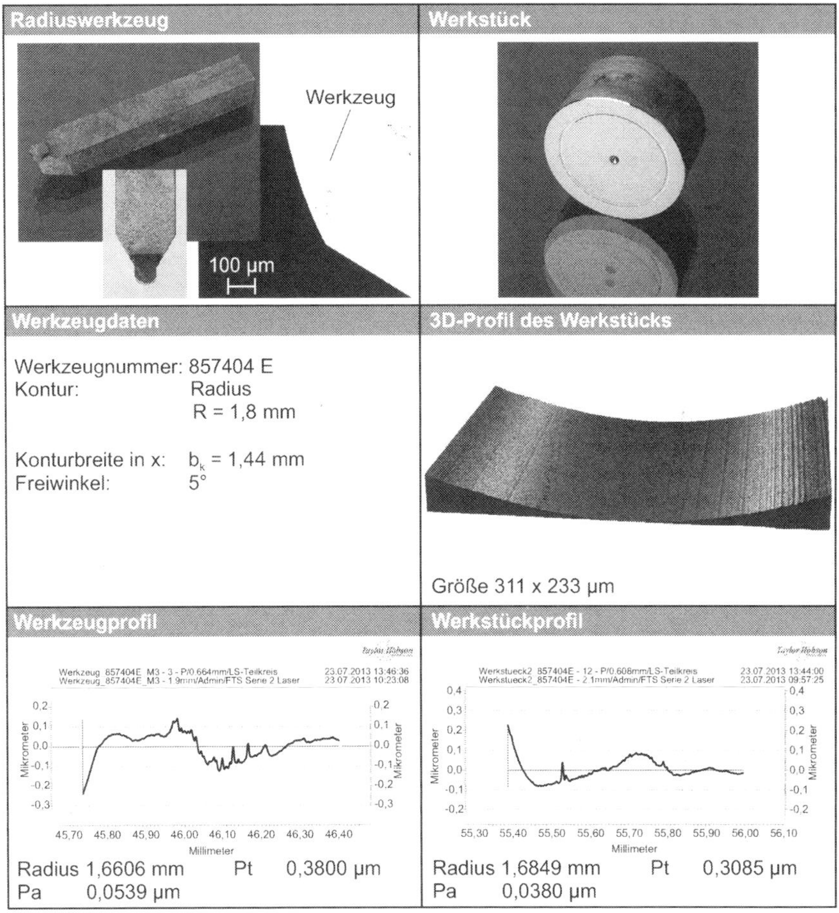

Bild 7.26: **Radiuswerkzeug und Werkstück**

Radius tool and workpiece

Das zweite Demonstratorwerkzeug weist eine asphärische Kontur mit einem Grundradius von 1 mm, einer konischen Konstante von k = -1 und den Asphärenkoeffizienten $A_4 = 1{,}93 \cdot 10^{-3}$ 1/mm³ und $A_6 = 4{,}45 \cdot 10^{-3}$ 1/mm³ auf. Es ist damit das zentrale Ergebnis dieser Arbeit und validiert die Inhalte der vorangegangenen Kapitel. Zur Charakterisierung wurden die gleichen Methoden wie für das Radiuswerkzeug angewandt und in Bild 7.27 dokumentiert. Für die Probebearbeitung des Testwerkstücks wurde jedoch ein Hobelprozess verwandt, da das Werkzeug mit 0° keinen Freiwinkel aufweist, welcher bei der Drehbearbeitung eine Kollision der Freifläche mit den Flanken der Nut ergeben würde. Die Formgenauigkeit der asphärischen Kontur kann mit dem Tastschnittgerät Taylor Hobson Form Talysurf analog zum Radiuswerkzeug bestimmt werden. An der Nut im Werkstück ergibt sich eine Formgenauigkeit von 0,8 µm über einer Länge von 0,6 mm. Analog zum Radiuswerkzeug werden im 3D-Profil einige Riefen wiedergeben, die auf kleine Ausbrüche an der Schneidkante zurückzuführen sind.

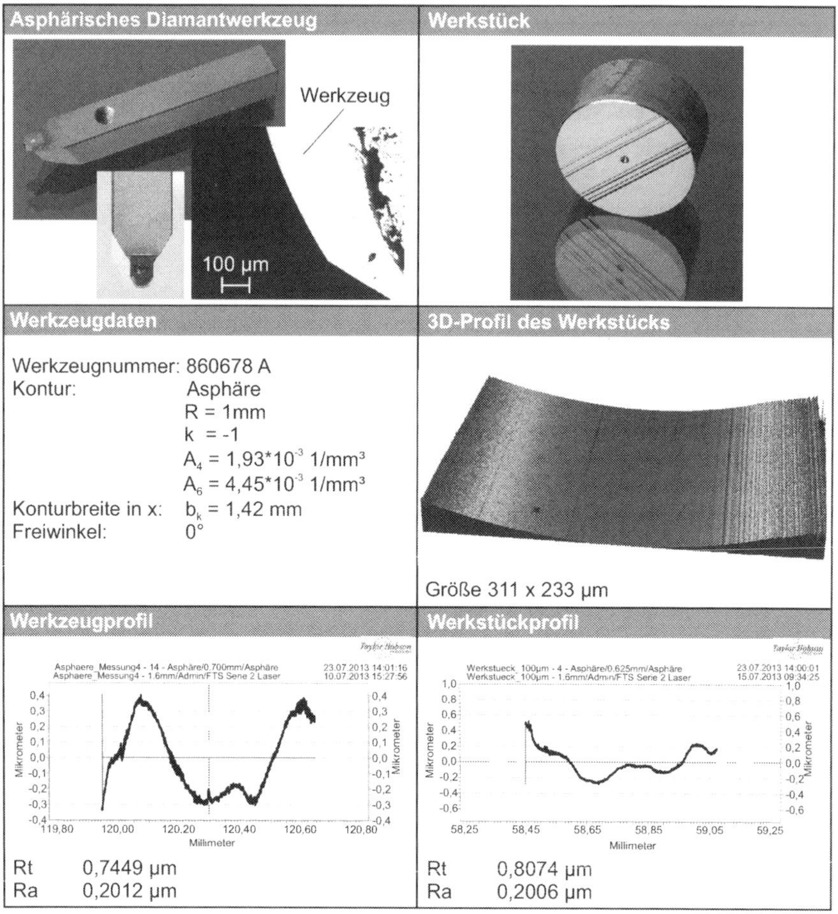

Bild 7.27: Asphärisches Demonstratorwerkzeug und Werkstück

Aspheric demonstrator tool and workpiece

Anhand der gefertigten Demonstatorwerkzeuge und den damit gefertigten Testwerkstücken konnte die Fähigkeit zur Fertigung monokristalliner Diamantwerkzeuge mit dem aufgebauten Maschinensystem validiert werden. Insbesondere die gewünschte Fertigung asphärischer monokristalliner Diamantwerkzeuge konnte erfolgreich umgesetzt werden. Bezüglich der bei Diamantwerkzeugen wichtigsten Qualitätsmerkmale Formgenauigkeit und erzielbare Oberflächengüte am Werkstück, entsprechen die prototypischen Demonstratorwerkzeuge guten Standarddiamantwerkzeugen. Da das Läppen der Spanfläche nicht zentraler Bestandteil dieser Arbeit war, entsprechen die Schneidkanten der Werkzeuge nicht den höchsten Güten, was zu den schlechteren Oberflächengüten in den hergestellten Nuten der Demonstratorwerkstücke führt.

8 Zusammenfassung und Ausblick

Summary and outlook

8.1 Zusammenfassung

Summary

Kunststoffoptiken weisen in der heutigen Zeit ein enormes Anwendungsfeld auf, welches sich von Displays bis hin zu Raumbeleuchtungen erstreckt. Wesentlicher Vorteil der Kunststoffoptiken ist, dass sie mit Hilfe des Spritzgussverfahrens in großen Stückzahlen und damit sehr kostengünstig hergestellt werden können. Die Formen für den Kunststoffspritzguss werden zumeist direkt mit monokristallinen Diamantwerkzeugen über Drehen, Hobeln und Fly-Cutten hergestellt. Hierbei zeichnen sich monokristalline Diamantwerkzeuge durch hohe Formgenauigkeiten und höchste Schneidkantenschärfen aus, so dass sich hochpräzise Formen mit optischen Oberflächengüten mit diesen Werkzeugen direkt fertigen lassen. Um der steigenden Geometrievielfalt bei Kunststoffoptiken, und insbesondere den dort eingesetzten Mikrostrukturen gerecht zu werden, müssen die Diamantwerkzeuge diesen Anforderungen angepasst werden.

Um einen Beitrag zu dieser Aufgabenstellung zu leisten, war es das Ziel der vorliegenden Arbeit, ein Grundverständnis zur Fertigung monokristalliner Diamantwerkzeuge zu erarbeiten. Zum einen wurde dazu die notwendige Maschinentechnik betrachtet, zum anderen wurden prozessseitige Einfluss- und Störgrößen beleuchtet.

Die Recherche zum Stand der Technik hat klar herausgestellt, dass weder die Maschinentechnik zur Konturierung asphärischer monokristalliner Diamantwerkzeuge verfügbar ist, noch das entsprechende Prozessverständnis bisher näher erarbeitet wurde. Basierend darauf wurden in dieser Arbeit zunächst Anforderungen an ein Maschinensystem zur Endbearbeitung monokristalliner Diamantwerkzeuge abgeleitet. Die Anforderungen wurden aufgegliedert in Anforderungen, welche auf Grund des zu bearbeitenden Materials an das Maschinensystem gestellt werden, und Anforderungen, welche sich aus den zu fertigenden Werkzeuggeometrien ergeben. Zur Bearbeitung von monokristallinem Diamant ist die Einstellung der Schnittrichtung zwingend notwendig, was zur Erweiterung des Funktionsspektrums des Maschinensystems sowohl fest als auch kontinuierlich während des Schleifens möglich sein sollte. Folglich ist eine Achse zur Änderung der Schnittrichtung und eine weitere zur Umsetzung einer Oszillationsbewegung notwendig. Die Oszillationsbewegung wird zur Realisierung eines gleichmäßigen Schleifscheibenverschleißes benötigt. Weiterhin ist eine Kraft- und Körperschallsensorik für Prozessuntersuchungen notwendig. Um die gewünschten Werkzeuggeometrien fertigen zu können, muss das Maschinensystem über fünf NC-Achsen verfügen. Hiervon sind drei Achsen Linearachsen und zwei Achsen Rotationsachsen. Insgesamt ist ein Maschinensystem mit sieben NC-Achsen zur Herstellung monokristalliner asphärischer Diamantwerkzeuge notwendig.

Im nächsten Schritt wurde ein den Anforderungen entsprechendes Maschinensystem aufgebaut. Zunächst wurden anhand einer systematischen Vorgehensweise Konzepte für das Maschinensystem erarbeitet. Wegen der relativ großen Zahl von sieben NC-Achsen ergibt sich hieraus eine unüberschaubar große Zahl an möglichen Achskonfigurationen. Mit Hilfe von weiteren Einschränkungen und Randbedingungen, wie zum Beispiel dass die Z'-Achse auf der B-Achse positioniert werden sollte, konnten die möglichen Achskonfigurationen erheblich eingeschränkt werden. Die sich daraus ergebenden Maschinenkonzepte konnten gut verglichen werden, und das Beste für die Aufgabenstellung ausgewählt und weiterverfolgt werden. Im Anschluss an die systematische Konzepterstellung erfolgte die Auslegung und Detailkonstruktion des Maschinensystems. Der Fokus lag hierbei auf der Erzielung einer hochpräzisen Werkzeugmaschine mit kleinen Hebelarmen und guter Steifigkeit.

Auf die Inbetriebnahme folgte eine geometrische, statische und dynamische Charakterisierung des Maschinensystems. Bezüglich der geometrischen Charakterisierung wurden nur für den Schleifprozess relevante Größen wie die Planlaufgenauigkeit der C-Achse, die Geradheit der X-Achse und der Rundlauf der B-Achse betrachtet. Insbesondere der Rundlauf der B-Achse ist maßgeblich für die Radiuswelligkeit der Diamantwerkzeuge und liegt mit 0,06 µm im geforderten Bereich. Die dynamische Charakterisierung ergab, dass das Maschinensystem trotz der kinematischen Randbedingungen eine für den angestrebten Prozess ausreichende Steifigkeit besitzt.

Den zweiten Teil dieser Arbeit bildete die grundlegende Untersuchung des Schleifprozesses zur Herstellung asphärischer monokristalliner Diamantwerkzeuge mit dem aufgebauten neuartigen Maschinensystem. Die Identifizierung signifikanter Einflussfaktoren ergab, dass der Abtrag und das Bearbeitungsergebnis in Bezug auf Formgenauigkeit und Oberflächengüte sowohl von der Schnittrichtung als auch von der Kristallorientierung abhängen. Durch die Konzeption des Maschinensystems als Prüfstand für Prozessuntersuchungen können die Prozesskräfte und Körperschallsignale während der Bearbeitung aufgezeichnet werden. Mit Hilfe dieses Messsystems konnte ermittelt werden, dass sich die Kristallorientierungen im Körperschallsignal eindeutig abbilden und so eine Analyse der Bearbeitung erlaubt. Die Prozesskräfte liegen wie in der Literatur dokumentiert und zur Dimensionierung des Maschinensystems herangezogen im unteren einstelligen Newtonbereich. Obwohl sich leichte Einflüsse der Kristallorientierung auf den Kraftverlauf einstellen, sind die Prozesskräfte diesbezüglich nicht so aussagekräftig wie das Körperschallsignal.

Um die gesamten Arbeiten zu validieren, wurden Demonstratorwerkzeuge mit dem Maschinensystem und den Erkenntnissen aus den Prozessuntersuchungen gefertigt. Als Demonstratorwerkzeuge wurden ein Radiuswerkzeug und ein asphärisches Werkzeug hergestellt. Zur Herstellung asphärischer Werkzeuge wurde eine Prozessstrategie erarbeitet, die zur Kompensation der Kontaktpunktverschiebung zwischen Schleifscheibe und Diamantwerkzeug bei der Bearbeitung asphärischer Konturen dient. Weiterhin wurde der Achsversatz zwischen der A- und B-Achse ermittelt und der entsprechende Fehler auf die Werkzeugkontur abgeleitet, so dass dies bei der Werkzeugfertigung kompensiert werden kann. Schließlich wurden die Demonstratorwerkzeuge zur Zerspanung von Testwerkstücken herangezogen. Durch die erfolgreiche Bearbeitung der Testwerkstücke konnte gezeigt werden, dass die Werkzeuge und damit die gesamten durchgeführten Arbeiten in der Ultrapräzisionszerspanung angewendet werden können. Eine Charakterisierung der Werkzeuge und der Testwerkstücke ergab, dass die Ergebnisse in einer guten Qualität vorliegen.

8.2 Ausblick

Outlook

Die in dieser Arbeit geschaffenen Grundlagen zum Bearbeiten monokristalliner asphärischer Diamantwerkzeuge bilden sowohl von der Maschinentechnik als auch von der prozesstechnischen Seite die Basis für weiterführende Arbeiten. Insbesondere in Bezug auf die Prozesstechnik ist noch viel Optimierungspotential vorhanden, welches mit Hilfe des vorliegenden Maschinensystems erschlossen werden kann, aber infolge des Umfanges nicht in dieser Arbeit abgedeckt werden konnte. Beispielsweise kann die Formgenauigkeit der Werkzeuge als auch deren Oberflächengüte gesteigert werden, indem andere Schleif- und Läppscheiben verwendet werden und die Prozessparameter weiter im Detail untersucht werden. Zudem sind weitere Optimierungen in der Prozessstrategie möglich, welche zum Beispiel durch eine verweilzeitgeregelte Bearbeitung entlang der verschiedenen Kristallebenen in Abhängigkeit der Abtragsrate, eine Kompensation des Schleifscheibenverschleißes durch die Z- oder Z'-Achse und eine aktive Temperaturüberwachung am Werkzeug realisiert werden können. Zusätzlich bietet die Einbindung des Körperschallsignals in die Regelkette einen erfolgversprechenden Ansatz.

Obwohl monokristalline Diamantwerkzeuge viele großvolumige Anwendungen befähigen, werden sie nur von wenigen kleinen Herstellern in einem kleinen Markt gefertigt. Der Werkstoff monokristalliner Diamant weist neben seiner extremen Härte weitere hoch relevante Eigenschaften auf. Durch seinen hohen Brechungsindex von 2,4, seine sehr hohe Wärmeleitfähigkeit von 2200 W/mK und seine gute Transmissivität im Wellenlängenbereich um 10,6 µm, ist er der ideale Werkstoff für Optiken in Hochleistungslasern. Dies wurde u.a. von BRIERLEY [BRIE99] dokumentiert. Das hier vorgestellte Maschinensystem und die durchgeführten Prozessuntersuchungen können als Grundlage zur erstmaligen wirtschaftlichen Herstellung sphärischer und asphärischer monokristalliner Diamantoptiken dienen. Auf Grund des hohen technischen und wirtschaftlichen Potentials dieser Optiken wurde bereits ein Forschungsprojekt initiiert, welches als Ziel die Herstellung monokristalliner Diamantoptiken hat. Somit sind eine konsequente Weiterverfolgung der zerspanenden Diamantbearbeitung und eine Übertragung der Ergebnisse auf andere technische Felder sichergestellt.

Summary and outlook

Plastic optics currently present a huge application field, which extends from displays through to interior lighting. One crucial advantage of plastic optics is that, with the aid of injection molding, they can be produced at high volumes and therefore very cost-effectively. The forms for plastic injection molding are usually produced directly with monocrystalline diamond tools by turning, planing and fly-cutting. Monocrystalline diamond tools are distinguished by high form accuracies and maximum cutting edge sharpness, meaning that high precision forms with optical surface qualities can be directly produced with these tools. Diamond tools must be adapted to these requirements in order to satisfy the increasing variety in plastic optic geometries and especially the microstructures used in plastic optics.

In order to make a contribution towards this task, the aim of this thesis is to establish a basic understanding of the production of monocrystalline diamond tools. The necessary machine technology has been considered for one, and the process-related influence and disturbance variables have also been examined.

Research on the technological status has clearly proven that the machine technology for contouring aspherical monocrystalline diamond tools is not available, and the corresponding process understanding has not been ascertained in closer detail up to now. On this basis, the requirements of a machine system for end finishing were initially derived in this thesis. These requirements were divided into requirements of the machine system due to the material to be machined and requirements resulting from the tool geometries to be produced. The cutting direction setting is crucial in machining monocrystalline diamond, and this should both fixed and possible to be continually set during grinding to extend the machine system's range of functions. Consequently, one axle is required to change the cutting direction and another to perform an oscillation movement. The oscillation movement is necessary to achieve even wear on the grinding disk. Force and structure-borne sound sensors are also necessary for process tests. The machine system must have five NC axes in order to produce the required tool geometries. Three of these axes are linear axes and two are rotational axes. A machine system with a total of seven NC axes is necessary to produce aspherical monocrystalline diamond tools.

A machine system to correspond with the requirements was setup in the next step. Concepts for the machine system were initially developed employing a systematic method. The relatively large number of seven NC axes means that a vast number of possible axis configurations result. The possible axis configurations were able to be considerably constrained with the aid of further restrictions and boundary conditions, such as that the Z'-axis should be positioned on the B-axis. The resulting machine concepts were able to be compared well and the best concept for the task could be selected and pursued. The layout and detailed design of the machine system followed the systematic concept phase. The focus was on aiming for a high-precision tool machine with small cantilever arms and good rigidity.

Machine commissioning was followed by a geometric, static and dynamic characterization of the machine system. With respect to geometric characterization, only factors relevant to the grinding process were considered, such as the axial runout precision of the C-axis, the straightness of the X-axis and the radial runout of the B-axis. The radial runout of the B-axis is crucial to the radius waviness of diamond tools and it is within the required range at 0.06 µm. The dynamic characterization has proven that the machine system has the necessary rigidity for the targeted process despite the kinematic boundary conditions.

The second part of this thesis represents a basic investigation of the grinding process to produce aspherical monocrystalline diamond tools with the innovative machine system that has been setup. The identification of significant influential factors showed that the removal rate and machining result, with respect to form accuracy and surface quality, depend on both the cutting direction and crystal orientation. The process forces and structure-borne sound signals could be recorded during machining due to designing the machine system as a test bench for process tests. With the aid of this measurement system, it could be determined that the crystal orientations are clearly reproduced in the structure-borne sound signal, which facilitates analysis of the machining process. As documented in the literature and as applied to dimensioning the machine system, the process forces are within the lower single digit Newton range. Although the crystal orientation does have mild influences on the force progression, the respective process forces are not as indicative as the structure-borne sound signal.

Demonstrator tools were produced with the machine system and using the knowledge gained from process tests in order to validate the overall work. A radius tool and an aspherical tool were produced as demonstrator tools. A process strategy was developed, which compensates for the contact point displacement between the grinding disk and diamond tool in machining aspherical contours, in order to produce aspherical tools. The axis offset between the A-axis and B-axis was also established and the corresponding faults on the tool contour were derived so that they can be compensated during tool production. The demonstrator tools were then used to machine test workpieces. Successful test workpiece machining has shown that the tools, and therefore the entire work carried out, can be utilized in ultraprecision machining. A characterization of the tools and test workpieces has proven that the results are of good quality.

The foundations for machining monocrystalline aspherical diamond tools laid in this thesis form the basis for further work from both a machine technology and process point of view. In particular with respect to process technology, there is still plenty of potential for optimization, which can be developed with this machine system but could not be covered by this thesis due to the extent of work involved. For example, the form accuracy of the tools and also their surface quality can be increased by using other grinding and lapping disks and investigating the process parameters in more detail. Further optimizations in the process strategy are also possible, which can be achieved with retention time controlled machining along the various crystal planes dependent on the removal rate, compensation of grinding disk wear by the Z-axis or Z'-axis and active temperature control on the tool, for example. In addition, the integration of the structure-borne sound signal in the control loop offers a promising approach.

Although monocrystalline diamond tools facilitate many high volume applications, they are only produced by a few small manufacturers in a small market. Alongside its extreme hardness, monocrystalline diamond as a material displays other extremely relevant properties. It is the ideal material for optics in high-performance lasers due to its high refractive index of 2.4, its very high thermal conductivity of 2200 W/mK and its good transmissivity in the wavelength range of around 10.6 µm. This has been documented by BRIERLEY [BRIE99] amongst others. The machine system presented in this work and the process tests carried out can serve as a basis for economic manufacture of spherical and aspherical monocrystalline diamond optics for the very first time. A research project with the aim of producing monocrystalline diamond optics has already been initiated due to the high technical and economic potential of these optics. This means that both consequential pursuance of diamond processing by machine and transfer of the results to other technical fields are ensured.

9 Literaturverzeichnis

References

[ABEL09] Abele, E.; Pfeiffer, P.; Berger, C.; Scheerer, H.: Gussbearbeitung mit PKD. In: VDI-Z Integrierte Produktion, Springer VDI Verlag, Düsseldorf, vol. 151, 2009, pp. 18-21

[ALMT13a] ALMT: *Ultra-Precision Cutting Tool UPC-Nano Tools* URL: http://www.allied-material.co.jp/english/products/diamond/cutting/upcnano [Stand 29.06.2013]

[ALMT13b] ALMT: Ultra-Precision Cutting Tool UPC URL: http://www.allied-material.co.jp/english/products/diamond/cutting/upc [Stand 05.07.2013]

[BERM65] Berman, R.: Physical Properties of Diamond. Clarendon Press, Oxford, 1965

[BERM93] Berman, L.; Hastings, J.; Siddons, D.; Koike, M.; Stojanoff, V.: *Diamond crystal X-ray optics for high-power-density synchrotron radiation beams.* Nuclear Instruments and Methods in Physics Research A329, 1993, pp. 555-563

[BERT07] Bertalan, C.: *Technologische Untersuchungen zum Präzisions-Hartdrehen von Hartmetall.* Diss. RWTH Aachen, 2007

[BMBF10] Bundesministerium für Bildung und Forschung (BMBF): Agenda Photonik 2020. Düsseldorf, 2010

[BMBF11] Bundesministerium für Bildung und Forschung (BMBF): Photonik Forschung Deutschland – Licht mit Zukunft. Bonn, Berlin, 2011

[BRAN01] Brandon, J. R.; Coe, S. E.; Sussmann, R.; Skamoto, K.; Spörl, R.; Heidinger, R.; Hanks, S.: *Development of CVD diamond r.f. windows for ECRH.* Fusion Engineering and Design vol. 53, 2001, pp. 553-559

[BREC11] Brecher, C.; Sobotka, A.: *Universelles Maschinensystem für Prozessuntersuchungen zum Schleifen und Läppen von monokristallinen Diamantwerkzeugen.* In: Jahrbuch Schleifen, Honen, Läppen und Polieren, 65. Ausgabe, Vulkan-Verlag, Essen, 2011, ISBN 978-3-8027-2959-1

[BREC13] Brecher, C.; Lindemann, D.; Merz, A.; Wenzel, C.: *5D Precision Process Monitoring.* In: Laser Metrology and Machine Performance X, 10th International Conference and Exhibition on Laser Metrology, Machine Tool, CMM and Robotic Performance, 2013, ISBN 978-0-9566790-1-7

[BREE09] Breeding, C. M.; Shighley, J. E.: The type classification system of diamonds and its importance in gemology. Gems and Gemology, vol. 45, 2009, pp. 96-111

[BRIE99] Brierley, C.J.; Beck, C.M.; Kennedy, G.R.; Metcalfe, J.; Wheatley, D.: *The potential of CVD diamonds as a replacement to ZnSe in* CO_2 *laser optics.* Diamond and Related Materials, vol. 8, 1999, pp. 1759-1764

[BRIN06] Brinksmeier, E.; Gläbe, R.; Osmer, J.: *Ultra-Precision Diamond Cutting of Steel Molds.* Annals of the CIRP, vol. 55, 2006, pp. 551-554

[BRYA03] Bryan, W.J.; Sewall, N.D.; Clements, J.E.: *Diamond tool with a multi-tipped diamond.* Patentschrift US2003/0223830 A1, 2003

[BUDD03] Buddrus, J.: *Grundlagen der organischen Chemie.* 3. Auflage, de Gruyter Verlag, 2003, ISBN 3-11-014683-5

[BULL13] Bulla, B.: *Ultrapräzisionszerspanung von Nanokorn-Hartmetall mit monokristallinen Diamantwerkzeugen.* Diss. RWTH Aachen, 2013

[BUND63] Bundy, F. P.: *Melting of Graphite at Very High Pressure.* Journal of Chemical Physics vol. 38, 1963, pp. 618-630

[BUND88] Bundy, F. P.: Ultra-High Pressure Apparatus. Physics Reports, vol. 167, 1988, pp. 133-167

[BUND89] Bundy, F. P.: *Pressure-Temperature Phase Diagramm of Elemental Carbon.* Physica A, vol. 156, 1989, pp. 169-178

[BUND96] Bundy, F. P.; Bassett, W. A.; Weathers, M. S.; Hemley, R. J.; Mao, H. K.; Goncharov, A. F.: *The Pressure-Temperature Phase and Transformation Diagram for Carbon; Updated through 1994.* Carbon, vol. 34, No. 2, 1996, pp. 141-153

[BURN92] Burns, R. C.; Davies, G. J.: *Growth of Synthetic Diamonds.,* In: The Properties of Natural and Synthetic Diamond., London: Academic Press, 1992, ISBN 012-255352-7

[BUTL00] Butler, J. E.; Goodwin, D. G.: *CVD growth of diamond.* In: *Properties, Growth and Applications of Diamond.* London: The Institution of Electrical Engineers, 2001, ISBN 0-85296-785-3

[COBO12a] Coborn: *Planetary grinding machines for single crystal diamond* URL: http://www.coborn.com/productPGSeries.php [Stand 18.05.2011]

[COBO12b] Coborn: *CNC grinding machine for PCD, PCBN and carbide tools* URL: http://www.coborn.com/productRG9.php [Stand 18.05.2011]

[CONT13] Contour Fine Tooling: *Technical Support Clearance.* URL: http://contour-diamonds.com/GB/clearance.html [Stand: 02.04.2013]

[COUT97] Couto, M. S.; van Enckevort, W. J. P.; Seal, M.: *Friction tracks on diamond surfaces imaged by atomic force microscopy.* Diamond and Related Materials, vol. 6, 1997, pp. 975-982

[DIN09] Norm DIN 10110-12 (Januar 2009), *Optik und Photonik - Erstellung von Zeichnungen für optische Elemente und Systeme – Teil 12: Asphärische Oberflächen*

[DIN75] Norm DIN 66217 (Dezember 1975), *Koordinatenachsen und Bewegungsrichtungen für numerisch gesteuerte Arbeitsmaschinen*

[DIN85] Norm DIN 6581 (Oktober 1985), *Bezugssysteme und Winkel am Schneidteil des Werkzeugs*

[DMG12] DMG: *Lasertec Precision Tool – Baureihe.* Leonberg, 2012. Firmenschrift

[DURA07] Durazo-Cardenas, I.; Shore, P.; Luo, X; Jacklin, T.; Impey, S. A.; Cox, A.: *3D characterisation of tool wear whilst diamond turning silicon.* Wear vol. 262, 2007, pp. 340-349

[ELEM13] Elementsix: HPHT large single crystal synthetic diamond. URL: http://www.e6.com/wps/wcm/connect/E6_Content_EN/Home [Stand 30.09.2013]

[ENCK01a] Van Enckevort, W. J.: *Morphology of diamond surfaces.* In: *Properties, Growth and Applications of Diamond.* London: The Institution of Electrical Engineers, 2001, ISBN 0-85296-785-3

[ENCK01b] Van Enckevort, W. J. P.; de Theije, F. K.: *Etching of diamond.* In: *Properties, Growth and Applications of Diamond.* London: The Institution of Electrical Engineers, 2001, ISBN 0-85296-785-3

[ENGM11] Engmann, J.: *Galvanisch gebundene Mikroschleifstifte - Entwicklung, Herstellung und Einsatz.* Diss. TU Kaiserslautern, 2011

[ERSO95] Ersoy, A.; Waller, M. D.: *Wear characteristics of PDC pin and hybrid core bits in rock drilling.* Wear vol. 188, 1995, pp. 150-165

[ERTL03] Ertl, S.: *Untersuchungen zur Herstellung und zum Einsatz mikrotechnisch gefertigter Diamantwerkzeug.* Diss. Universität Freiburg, 2003

[EWAG11] EWAG: *Insert Line High-speed peripheral grinding machine for productive indexable insert manufacturing.* Fredericksburg, 2011. Firmenschrift

[FABI96] Fabis, P. M.: *Laser machining of CVD diamond: chemical and structural alteration effects.* Surface and Coatings Technology, vol. 82, 1996, pp. 320-325

[FARM08] Farman Machinery Ind. Co. Ltd: *CNC PCD/PCBN Tool Grinding Machine.* Taichung City, 2008. Firmenschrift

[FERN00] Fernandes, A. J. S.; Fan, Q. H.; Silva, R. F.; Costa, F. M.: *Diamond growth by microwave plasma chemical vapour depositione (MPCVD).* In: *Properties, Growth and Applications of Diamond.* London: The Institution of Electrical Engineers, 2001, ISBN 0-85296-785-3

[FESS39] Feß, E.: *Über die beim Diamantdrehen erzielbare Oberflächengüte.* Diss. Technische Hochschule Berlin, 1939

[FIEL92a] Field, J. E.: *Appendix: Tables of Properties.* In: The Properties of Natural and Synthetic Diamond., London: Academic Press, 1992, ISBN 012-255352-7

[FIEL92b] Field, J. E.: *The Properties of Natural and Synthetic Diamond.* Academic Press, London, 1992, ISBN 012-255352-7

[FIEL96] Field, J. E.; Pickles, C.: *Strength, fracture and friction properties of diamond.* Diamond and Related Materials, vol. 5, 1996, pp. 625-624

[GLAE04] Gläbe, R.: *Prozess- und Schneidstoffentwicklungen zur ultrapräzisen Drehbearbeitung von Stahl.* Diss. Universität Bremen, 2004

[GRIL00] Grillo, S. E.; Field, J. E.; van Bouwelen, F. M.: *Diamond polishing: the dependency of friction and wear on load and crystal orientation.* Journal of Applied Physics vol. 33, 2000, pp. 985-990

[GRIM00] Grimsditch, M.: *Elastic moduli of diamond.* In: *Properties, Growth and Applications of Diamond.* London: The Institution of Electrical Engineers, 2001, ISBN 0-85296-785-3

[HALL60] Hall, H. T.: *Ultra-High-Pressure, High-Temperature Apparatus: the Belt.* Review of Scientific Instruments vol. 31. pp. 125-131

[HARR92] Harris, J. W.: *Diamond Geology.* In: *The properties of Natural and Syntehetic Diamond.* London: Academic Press Ltd. 1992, ISBN 012-255352-7

[HART53] Hartman, P.: *Relations between structure and morphology of crystals.* Diss. Rijksuniversiteit te Groningen, 1953

[HART00] Hartmann, J.; Reichling, M.: *Thermal transport in diamond.* In: *Properties, Growth and Applications of Diaomond.* London: The Institution of Electrical Engineers, 2001, ISBN 0-85296-785-3

[HASE90] Hasegawa, S.; Hanyu, M.: *Screen for a rear projection type television set.* Patentschrift , 4919515, 1990

[HEAT01] Heath, P.J.: *Developments in applications of PCD tooling.* Journal of Materials Processing Technology, vol. 116, 2001, pp. 31-38

[HESS03] Hessel, D.: *Punktcrushieren keramisch gebundener Schleifscheiben.* Diss. Universität Hannover, 2003

[HIRD04] Hird, J. R.; Field, J. E.: *Diamond polishing.* Proceedings of the Royal Society A: Mathematical, Physical and Engineering Sciences, vol. 460, 2004, pp. 3547-3568

[HITC84] Hitchiner, M. P.; Wilks, E. M.; Wilks, J.: *The polishing of diamond and diamond composite materials.* Wear, vol. 94, 1984, pp. 103-120

[HUAN97] Huang, S. L.; Wang, Z. W.: *The mechanics of diamond core drilling of rocks.* International Journal of Rock Mechanics and Mining Sciences, vol. 34; 1997, pp. 134.e1-134.e14

[JARV98] Jarvis, M. R.; Perez, R.; van Bouwelen, F. M.; Payne, M. C.: *Microscopic Mechanism for Mechanical Polishing of Diamond (110) Surfaces.* Physical Review Letters, vol. 80, Nr. 16, 1998, pp. 3428-3431

[JOCH01] Jochmann, S.: *Untersuchungen zur Prozess- und Werkzeugauslegung beim Hochpräzisionshartdrehen.* Diss. RWTH Aachen, 2001

[JOHN04] Johnson, R. B.: *Elliptically-shaped tool.* Patentschrift , US 6741395 B1, 2004

[JOHN05] Johnson, R. B.; Jacobsen, G. A.: *Advances in lenticular lens arrays for visual display.* In: Current Developments in Lens Design and Optical Engineering VI, Proceedings of SPIE, vol. 5874, paper 5874-06, San Diego, 2005

[KAND00] Kanda, H.; Sekine, T.: *High temperature high pressure synthesis of single crystal diamond.,* In: *Properties, Growth and Applications of Diaomond.* London: The Institution of Electrical Engineers, 2001, ISBN 0-85296-785-3

[KATR02] Katrakowa, D.: *Anwendungen der Orientierungsabbildenden Mikroskopie zur Gefügecharakterisierung kristalliner Werkstoffe.* Diss, Universität des Saarlandes, 2002

[KATZ04] Katz, A.: *Strukturierung von Diamantschneiden zur Ultrapräzisionsbearbeitung durch ultrakurze Laserpulse.* Industrie Diamanten Rundschau, vol. 38, Nr. 4, 2004, pp. 386-390

[KIST09] Kistler: *Zerspankraftmessung.* URL: http://www.kistler.com/de/de/support/downloads/catalogues [Stand: 05.07.2013]

[KLEB90] Kleber, W.; Bautsch, H.-J.; Bohm, J.: *Einführung in die Kristallographie.* 17. Auflage Berlin: Verlag Technik 1990, ISBN 3-341-00479-3

[KLOC05] Klocke, F.; König, W.: *Fertigungsverfahren 2 Schleifen, Honen, Läppen, Polieren.* 4. Auflage, Springer-Verlag, 2005, ISBN 3-540-23496-9

[KLOC05] Klocke, F.; König, W.: *Fertigungsverfahren 2 Schleifen Honen Läppen.* 4. Auflage, Springer-Verlag, 2005, ISBN 978-3-540-23496-8

[KLOC08] Klocke, F.; König, W.: *Fertigungsverfahren 1 Drehen Fräsen Bohren.* 8. Auflage, Springer-Verlag, 2008, ISBN 978-3-540-23458-6

[KOBA05] Kobayashi, A.: *The features and applications of UPC nano-micro forming tools.*, In: Industrial Diamond Review, vol. 4, 2005, pp. 28-30

[KOCH94] Koch, K.-F.: Technologie des Hochpräzisions-Hartdrehens. Diss. RWTH Aachen, 1994

[KOLB10] Kolb, P.: *Galvanische Nickel-Phosphor-Beschichtung für die Diamantzerspanung.* Wt Werkstattstechnik online, Springer-VDI-Verlag, Düsseldorf, vol. 100, Nr. 5, 2010, pp. 371-372

[KOML11] Komlenko, M.; Kononenko, T.; Ralchenko, V.; Pimenov, S.; Konov, V.: *Laser Induced Nanoablation of Diamond Materials.* Physics Procedia, vol. 12, 2011, pp. 37-45

[KONO02] Kononenko, T.; Konov, V.; Pimenov, S.; Prokhorov, A.; Bolshakov, A.; Uglov, S.; Pavelyev, V.; Soifer, V.; Lüdge, B.; Duparre, M.: *Laser shaping of diamond for IR diffractive optical elements.* RIKEN Review, No. 43, 2002, pp. 49-55

[KONO11] Kononenko, T.; Konov, V.; Pimenov, S.; Rossukanyj, N.; Romano, V.: *Three-dimensional laser writing in diamond bulk.* Diamond and Related Materials, vol. 20, 2011, pp. 264-268

[KUBO12] Kubota, A.; Fukuyama, S.; Ichimori, Y.; Touge, M.: *Surface smoothing of single-crystal diamond (100) substrate by polishing technique.* Diamond and Related Materials, vol. 24, 2012, pp. 59-62

[KYDI13] K & Y Diamond: Technical Info Waviness. URL: http://www.kydiamond.ca/en/technical-info-waviness.html [Stand 02.04.2013]

[LACH97] Jakob Lach GmbH: *PCD Stähle Schleifmaschine.* Hanau, 1997. Firmenschrift

[LAUE59] Von Laue, M.: *Röntgenwellenfelder in Kristallen.* Sitzungsberichte der Deutschen Akademie der Wissenschaften zu Berlin, Akad.-Verl., Berlin, 1959

[LEE08] Lee, C. L.; Gu, E.; Dawson, M. D.; Friel, I.; Scarsbrook, G. A.: *Etching and micro-optics fabrication in diamond using chlorine-based inductively-coupled plasma.* Diamond and Related Materials, vol. 17, 2008, pp. 1292-1296

[LITF07] Litfin, G.: *Elektronik, Photonik, Mikrotechnik.* In: Technologieführer, Grundlagen Anwendungen Trends. Springer Verlag, Berlin, 2007, ISBN-10 3 540-33788-1 pp. 60-127

[LIU02] Liu, X. D.; Lee, L. C.; Ding, X.; Ng, S. T.; Tung, S. K.; Lee, K. S.: *An Investigation of Diamond Tool Cutting Edge.* In: *Proceedings of the 3rd euspen International Conference.* Eindhoven, 2002, pp. 241-244

[LUO05] Luo, X.; Cheng, K.; Webb, D.; Wardle, F.: *Design of ultraprecision machine tools with applications to manufacture of miniature and micro components.* Journal of Materials Processing Technology vol. 167, 2005, pp. 515-528

[MALS99] Malshe, A.P.; Park, B.S.; Brown, W.D.; Naseem, H.A.: *A review of techniques for polishing and planarizing chemically vapor deposited (CVD) diamond films and substrates.* Diamond and Related Materials, vol. 8, 1999, pp. 1198-1213

[MAYE97] Mayers, B.: *Prozeß- und Produktoptimierung mit Hilfe der Statistischen Versuchsmethodik.* Diss. RWTH Aachen, 1997

[MILL39] Miller, W. H.: *A Treatise on Crystallography.* Deighton, Cambridge, 1839

[MOHR24] Mohr, E.: *Über den Zusammenhang zwischen der Struktur und den morphologischen Merkmalen des Diamant.* Abhandlung der Heidelberger Akademie der Wissenschaften, Nr. 12, Verlag de Gruyter, Berlin, 1924

[NAZA01] Nazare, M. H, Neves, A. J.: *Properties, growth and applications of diamond.* The institution of electrical engineers, London, 2001, ISBN 0-85296-785-3

[NIEH13] Niehaus, F.: *Herstellung von diskontinuierlichen Mikrostrukturen durch Ultrapräzisionszerspanung.* Diss. RWTH Aachen, 2013

[ODAK09] Odake, S.; Ohfuji, H.; Okuchi, T.; Kagi, H.; Sumiya, H.; Irifune, T.: *Pulsed laser processing of nano-polycrystalline diamond: A comparative study with single crystal diamond.* Diamond and Related Materials, vol. 18, 2009, pp. 877-880

[OHFU10] Ohfuji, H.; Okuchi, T.; Odake, S.; Kagi, H.; Sumiya, H.; Irifune, T.: *Micro-/nanostructural investigation of laser-cut surfaces of single- and polycrystalline diamonds.* Diamond and Related Materials, vol. 19, 2010, pp. 1040-1051

[OOME91] Oomen, J. M.: *Diamond tool.* Patentschrift , 0418959 A1, 1991

[PARK00] Park, J. K.; Ayres, V. M.; Asmussen, J.; Mukherjee, K.: *Precision micromachining of CVD diamond films.* Diamond and Related Materials, vol. 9, 2000, pp. 1154-1158

[PETE91] Petersen, H.: *Grundlagen der statistischen Versuchsplanung.* Ecomed Verlagsgesellschaft, Landsberg, 1991, ISBN 3-609-65340-X

[PFEI01] Pfeifer, T.: *Qualitäts Management – Strategien, Methoden, Techniken.* 3. Auflage, Hanser Verlag, 2001, ISBN 3-446-21515-8

[PICK00] Pickles, C.; Madgwick T.; Sussmann, R.; Hall, C.: *Optische Anwendungen von CVD-Diamant.* Diamant-Technologie, 2000

[PLEU03] Pleuler, E.: *Mikrowellenplasma-Simulation, Abscheidung und Charakterisierung von polykristallinen, dotierten und undotierten Diamantschichten.* Diss. Universität Freiburg, 2003

[RAMD00] Ramdas, A. K.: *Raman, Brillouin and infrared spectroscopy of phonons in conventional diamond.* In: *Properties, Growth and Applications of Diamond.* London: The Institution of Electrical Engineers, 2001, ISBN 0-85296-785-3

[RITZ05] Ritzhaupt-Kleissel, E.; Müller, C.; Sossalla, A.; Ertl, S.; Gluche, P.: *Fabrication of diamond micro tools for ultra-precision machining.* Microsystems Technologies, vol. 11, 2005, pp. 278-279

[RUEB01] Rübenach, O.: *Schwingungsunterstützte Ultrapräzisionsbearbeitung optischer Gläser mit monokristallinen Diamantwerkzeugen.* Diss. RWTH Aachen, 2001, ISBN 978-38265-92584

[SATO92] Sato, Y.; Kamo, M.: *Synthesis of Diamond from the Vapour Phase.* In: The Properties of Natural and Synthetic Diamond., London: Academic Press, 1992, ISBN 012-255352-7

[SCHU08] Schumann, W.: Edelsteine und Schmucksteine. 14. Auflage, BLV Buchverlag GmbH & Co. KG, 2008, ISBN 978-3-8354-0408-3

[SHIB96] Shibata, T.; Fujii, S.; Makino, E.; Ikeda, M.: *Ductile-regime Turning Mechanism of Single-crystal silicone.* Precision Engineering, vol. 18, 1996, pp. 129-137

[SIEB91] Siebert, J.C.: Polykristalliner Diamant als Schneidstoff. Diss. Technische Universität Berlin, 1991

[SIEB10] Siebertz, K.; van Bebber, D.; Hochkirchen, T.: *Statistische Versuchsplanung.* Springer-Verlag, 2010, ISBN 978-3-642-05492-1

[SIEM10] Siemens: Sinumerik 840 D. Produktbroschüre, 2010

[SJSU13] San Jose State University: *t-Table.* URL: http://www.sjsu.edu/faculty/gerstman/StatPrimer/t-table.pdf [Stand: 30.10.2013]

[SLOC92] Slocum, A. H.: *Precision Machine Design.* Englewood Cliffs., Prentice Hall, 1992

[SOBO10] Sobotka, A.: *Körperschall überwacht Qualität im Fertigungsprozess.* In: MaschinenMarkt, 2010, S. 76-79

[SPEC12] Spectaris e.V. Fachverband Photonik und Präzisionstechnik: *Die deutsche Photonik Industrie 2012 Spectaris-Spotlight Daten und Fakten einer Schlüsseltechnologie*, 2012

[SPRA03] Spraul, C. W.; Ertl, S.; Strobel, S.; Gretzschel, R.; Schirmer, E.; Rösch, R.; Lingenfelder, C.; Lang, G. K.: *Diamantklingenherstellung mithilfe der Mikrosystemtechnologie.* Klinische Monatsblätter für Augenheilkunde, vol. 220, Nr, 4, 2003, S. 229-234

[SUMI07] Sumiya, H.; Kobayashi, Y.; Kawate, K.; Nakashima, T.: *Diamond tool, synthetic single crystal diamond and method of synthesizing single crystal diamond and diamond jewellery.* Patentschrift US2007/0033810 A1, 2007

[TECH13] Technodiamant: *Diamond Cutting Tools.* Produktkatalog, 2013

[TELL00] Telling, R. H.; Pickard, C. J.; Payne, M. C.; Field, J. E.: *Theoretical Strength and Cleavage of Diamond.* Physical Review Letters, vol. 84, Nr. 22, 2000, pp. 5160-5163

[VANB99] Van Bouwelen, F. M.; Enckevort, W. J. P.: *A simple model to describe the anisotropy of diamond polishing.* Diamond and Related Materials, vol. 8, 1999, pp. 840-844

[VANB00] Van Bouwelen, F. M.: *Diamond polishing from different angles.* Diamond and Related Materials, vol. 9, 2000, pp. 925-928

[VANH05] Van Hulst, F.; Geelen, P.; Gebhardt, A.; Steinkopf, R.: *Diamantwerkzeuge für die Fertigung von mikrooptischen Bauelementen.* Industrie Diamanten Rundschau, vol. 39, 2005. S. 32-38

[VDI80] Norm VDI 3394 (Juni 1980), *Aufbau und Anwendung von Schleifkörpern mit Diamant und kubisch kristallinem Bornitrid (CBN) für die Metallbearbeitung.*

[WANG12] Wang, Z. Y.; Dong, L. H.; Wang, D. S.; Dong, Y. H.: *Study on HPHT single crystal diamond as precision cutting tool material.* Precision Engineering, vol. 36, 2012, pp. 162-167

[WECK05] Weck, M.; Brecher, C.: *Werkzeugmaschinen Maschinenarten und Anwendungsbereiche.* 6. Auflage, Springer-Verlag, 2005, ISBN 978-3-540-22504-1

[WEDE84] Wedepohl, K. H.: *Diamant, seine Eigenschaften und seine Bildung.* Franz Steiner Verlag, 1984, ISBN 3-515-04190-7

[WEIK04] Weikert, M.; Dausinger, F.: Cutting of Diamond. In: Femtosecond Technology for Technical and Medical Applications, Topics Appl. Phys 96, Springer-Verlag, 2004, ISBN 3-540-20114-9

[WEIN67] Weinz, E. A.: *Winkel und Schnittbedingungen an spanenden Edelstein und Sinterwerkzeugen.* Diss. Technische Hochschule Hannover, 1967

[WILK65] Wilks, E. M.; Wilks, J.: *The Hardness and Wear of Diamond during Grinding and Polishing.,* In: Physical Properties of Diamond, Oxford, Clarendon Press, 1965, pp. 221-250

[WILK82] Wilks, E. M.; Wilks, J.: *The abrasion resistance of natural and synthetic diamond.* Wear, vol. 81, 1982, pp. 329-346

[WILK91] Wilks, E. M.; Wilks, J.: *Properties and Applications of Diamond.* Butterworth-Heinemann, 1991, ISBN 0 7506 1067 0

[WOER98] Wörner, E.: *Thermische und optische Eigenschaften von CVD-Diamant.* Diss. Universität Freiburg, 1998

[WOER05] Wörner, E.; Wild, C.; Koidl, P.: *Verfahren zum Herstellen eines Elementes aus polykristallinem Diamant sowie danach hergestelltes Element.* Patentschrift DE10015729B4, 2005

[YOSH08] Yoshinaga, H.; Obata, K.: *Mono crystalline diamond cutting tool for ultra-precision machining.* Patentschrift US2008/0253849 A1, 2008

[YUAN03] Yuan, Z. J.; Yao, Y. X.; Zhou, M.; Bal, Q. S.: *Lapping of Single Crystal Diamond Tools.* CIRP Annals – Manufacturing Technology, vol. 52, 2003, pp. 285-288

[ZONG06] Zong, W. J.; Li, D.; Sun, T.; Cheng, K.: *Contact accuracy and orientations affecting the lapped tool sharpness of diamond cutting tools by mechanical lapping.* Diamond and Related Materials, vol. 15, 2006, pp. 1424-1433

[ZONG07a] Zong, W. J.; Cheng, K.; Li, D.; Sun, T.; Liang, Y.: *The ultimate sharpness of single-crystal diamond cutting tools – Part I: Theoretical analyses and predictions.* International Journal of Machine Tools and Manufacture, vol. 47, 2007, pp. 852-863

[ZONG07b] Zong, W. J.; Li, D.; Sun, T.; Cheng, K.; Liang, Y. C.: *The ultimate sharpness of single-crystal diamond cutting tools – Part II: A novel efficient lapping process.* International Journal of Machine Tools and Manufacture, vol. 47, 2007, pp. 864-871

[ZONG08] Zong, W. J.; Sun, T.; Li, D.; Cheng, K.; Li, Z. Q.: *Nano-precision diamond cutting tools achieved by mechanical lapping versus thermo-mechanical lapping.* Diamond and Related Materials, vol. 17, 2008, pp. 954-961

[ZONG09] Zong, W. J.; Sun, T.; Li, D.; Cheng, K.: *Design criterion for crystal orientation of diamond cutting tool.* Diamond and Related Materials, vol. 18, 2009, pp. 642-650

[ZONG10] Zong, W. J.; Li, Z. Q..; Sun, T.; Cheng, K; Li, D; Dong, S.: *The basic issues in design and fabrication of diamond-cutting tools for ultra-precision and nanometric machining.* Journal of Machine Tools and Manufacture, vol. 50, 2010, pp. 411-419

Anhang

Appendix

A1 Mögliche Achskonzepte für das Maschinensystem

Possible axis concepts for the machine system

Nummer	Schleifscheibe Achse 1 ←							Werkzeug Achse 7 →
1	C		X	Y	Z	A	B	Z'
2	C	X		Y	Z	A	B	Z'
3	C	X	Y		Z	A	B	Z'
4	C	X	Y	Z		A	B	Z'
5	C	X	Y	Z	A		B	Z'
6	C		X	Y	A	Z	B	Z'
7	C	X		Y	A	Z	B	Z'
8	C	X	Y		A	Z	B	Z'
9	C	X	Y	A		Z	B	Z'
10	C	X	Y	A	Z		B	Z'
11	C		X	Z	Y	A	B	Z'
12	C	X		Z	Y	A	B	Z'
13	C	X	Z		Y	A	B	Z'
14	C	X	Z	Y		A	B	Z'
15	C	X	Z	Y	A		B	Z'
16	C		X	A	Y	Z	B	Z'
17	C	X		A	Y	Z	B	Z'
18	C	X	A		Y	Z	B	Z'
19	C	X	A	Y		Z	B	Z'
20	C	X	A	Y	Z		B	Z'
21	C		X	Z	A	Y	B	Z'
22	C	X		Z	A	Y	B	Z'
23	C	X	Z		A	Y	B	Z'
24	C	X	Z	A		Y	B	Z'
25	C	X	Z	A	Y		B	Z'
26	C		X	A	Z	Y	B	Z'
27	C	X		A	Z	Y	B	Z'
28	C	X	A		Z	Y	B	Z'
29	C	X	A	Z		Y	B	Z'
30	C	X	A	Z	Y		B	Z'

Nummer	Schleifscheibe Achse 1 ←							Werkzeug Achse 7 →
31	C		Y	X	Z	A	B	Z'
32	C	Y		X	Z	A	B	Z'
33	C	Y	X		Z	A	B	Z'
34	C	Y	X	Z		A	B	Z'
35	C	Y	X	Z	A		B	Z'
36	C		Y	X	A	Z	B	Z'
37	C	Y		X	A	Z	B	Z'
38	C	Y	X		A	Z	B	Z'
39	C	Y	X	A		Z	B	Z'
40	C	Y	X	A	Z		B	Z'
41	C		Z	X	Y	A	B	Z'
42	C	Z		X	Y	A	B	Z'
43	C	Z	X		Y	A	B	Z'
44	C	Z	X	Y		A	B	Z'
45	C	Z	X	Y	A		B	Z'
46	C		A	X	Y	Z	B	Z'
47	C	A		X	Y	Z	B	Z'
48	C	A	X		Y	Z	B	Z'
49	C	A	X	Y		Z	B	Z'
50	C	A	X	Y	Z		B	Z'
51	C		Z	X	A	Y	B	Z'
52	C	Z		X	A	Y	B	Z'
53	C	Z	X		A	Y	B	Z'
54	C	Z	X	A		Y	B	Z'
55	C	Z	X	A	Y		B	Z'
56	C		A	X	Z	Y	B	Z'
57	C	A		X	Z	Y	B	Z'
58	C	A	X		Z	Y	B	Z'
59	C	A	X	Z		Y	B	Z'
60	C	A	X	Z	Y		B	Z'

Nummer	Schleifscheibe Achse 1 ←						Werkzeug Achse 7 →
61	C		Y	Z	X	A	B	Z'
62	C	Y		Z	X	A	B	Z'
63	C	Y	Z		X	A	B	Z'
64	C	Y	Z	X		A	B	Z'
65	C	Y	Z	X	A		B	Z'
66	C		Y	A	X	Z	B	Z'
67	C	Y		A	X	Z	B	Z'
68	C	Y	A		X	Z	B	Z'
69	C	Y	A	X		Z	B	Z'
70	C	Y	A	X	Z		B	Z'
71	C		Z	Y	X	A	B	Z'
72	C	Z		Y	X	A	B	Z'
73	C	Z	Y		X	A	B	Z'
74	C	Z	Y	X		A	B	Z'
75	C	Z	Y	X	A		B	Z'
76	C		A	Y	X	Z	B	Z'
77	C	A		Y	X	Z	B	Z'
78	C	A	Y		X	Z	B	Z'
79	C	A	Y	X		Z	B	Z'
80	C	A	Y	X	Z		B	Z'
81	C		Z	A	X	Y	B	Z'
82	C	Z		A	X	Y	B	Z'
83	C	Z	A		X	Y	B	Z'
84	C	Z	A	X		Y	B	Z'
85	C	Z	A	X	Y		B	Z'
86	C		A	Z	X	Y	B	Z'
87	C	A		Z	X	Y	B	Z'
88	C	A	Z		X	Y	B	Z'
89	C	A	Z	X		Y	B	Z'
90	C	A	Z	X	Y		B	Z'

Nummer	Schleifscheibe Achse 1 ←							Werkzeug Achse 7 →
91	C		Y	A	Z	X	B	Z'
92	C	Y		A	Z	X	B	Z'
93	C	Y	A		Z	X	B	Z'
94	C	Y	A	Z		X	B	Z'
95	C	Y	A	Z	X		B	Z'
96	C		Y	Z	A	X	B	Z'
97	C	Y		Z	A	X	B	Z'
98	C	Y	Z		A	X	B	Z'
99	C	Y	Z	A		X	B	Z'
100	C	Y	Z	A	X		B	Z'
101	C		A	Y	Z	X	B	Z'
102	C	A		Y	Z	X	B	Z'
103	C	A	Y		Z	X	B	Z'
104	C	A	Y	Z		X	B	Z'
105	C	A	Y	Z	X		B	Z'
106	C		Z	Y	A	X	B	Z'
107	C	Z		Y	A	X	B	Z'
108	C	Z	Y		A	X	B	Z'
109	C	Z	Y	A		X	B	Z'
110	C	Z	Y	A	X		B	Z'
111	C		A	Z	Y	X	B	Z'
112	C	A		Z	Y	X	B	Z'
113	C	A	Z		Y	X	B	Z'
114	C	A	Z	Y		X	B	Z'
115	C	A	Z	Y	X		B	Z'
116	C		Z	A	Y	X	B	Z'
117	C	Z		A	Y	X	B	Z'
118	C	Z	A		Y	X	B	Z'
119	C	Z	A	Y		X	B	Z'
120	C	Z	A	Y	X		B	Z'

A2 Student-t-Verteilung [SJSU13]

Student t-distribution

Freiheitsgrade	Werte der Verteilungsfunktion				
	α=0,20	α=0,15	α=0,10	α=0,05	α=0,025
1	1,376	1,963	3,078	6,314	12,706
2	1,061	1,386	1,886	2,92	4,303
3	0,978	1,25	1,638	2,353	3,182
4	0,941	1,19	1,533	2,132	2,776
5	0,92	1,156	1,476	2,015	2,571
6	0,906	1,134	1,44	1,943	2,447
7	0,896	1,119	1,415	1,895	2,365
8	0,889	1,108	1,397	1,86	2,306
9	0,883	1,1	1,383	1,833	2,262
10	0,879	1,093	1,372	1,812	2,228
11	0,876	1,088	1,363	1,796	2,201
12	0,873	1,083	1,356	1,782	2,179
13	0,87	1,079	1,35	1,771	2,16
14	0,868	1,076	1,345	1,761	2,145
15	0,866	1,074	1,341	1,753	2,131
16	0,865	1,071	1,337	1,746	2,12
17	0,863	1,069	1,333	1,74	2,11
18	0,862	1,067	1,33	1,734	2,101
19	0,861	1,066	1,328	1,729	2,093
20	0,86	1,064	1,325	1,725	2,086
21	0,859	1,063	1,323	1,721	2,08
22	0,858	1,061	1,321	1,717	2,074
23	0,858	1,06	1,319	1,714	2,069
24	0,857	1,059	1,318	1,711	2,064
25	0,856	1,058	1,316	1,708	2,06
30	0,854	1,055	1,31	1,697	2,042
40	0,851	1,05	1,303	1,684	2,021
50	0,849	1,047	1,299	1,676	2,009
60	0,848	1,045	1,296	1,671	2
70	0,847	1,044	1,294	1,667	1,994
80	0,846	1,043	1,292	1,664	1,99
90	0,846	1,042	1,291	1,662	1,987
100	0,845	1,042	1,29	1,66	1,984
150	0,844	1,04	1,287	1,655	1,976
200	0,843	1,039	1,286	1,653	1,972
500	0,842	1,038	1,283	1,648	1,965
1000	0,842	1,037	1,282	1,646	1,962

Lebenslauf

Curriculum Vitae

Persönliche Daten

Name:	Andreas Sobotka
Geburtsdaten:	23. Dezember 1981, Köln
Staatsangehörigkeit:	deutsch
Familienstand:	verheiratet, ein Kind

Schulbildung

08/1988-07/1992	Katholische Grundschule Freiligrathstrasse, Köln
08/1992-06/2001	Apostelgymnasium, Köln

Grundwehrdienst

07/2001-03/2002	Stabs- und Fernmelderegiment 310 in Koblenz

Hochschulstudium

08/2002-09/2008	Studium des Maschinenbaus an der Rheinisch-Westfälischen Technischen Hochschule (RWTH) Aachen Schwerpunkt: Konstruktion und Entwicklung
02/2007-10/2007	Masterstudium an der Curtin University of Technology, Perth, Australia, Schwerpunkt: Mechanical Engineering

Beruflicher Werdegang

10/2008-11/2013	Wissenschaftlicher Mitarbeiter in der Abteilung »Produktionsmaschinen« am Fraunhofer-Institut für Produktionstechnologie IPT in Aachen
01/2012-11/2013	Gruppenleiter für den Bereich »Ultrapräzisionstechnik und Kunststoffreplikation« am Fraunhofer-Institut für Produktionstechnologie IPT in Aachen
Seit 01/2014	Vorentwicklung im Bereich Spinning bei der Trützschler GmbH in Mönchengladbach

FSC
www.fsc.org
MIX
Papier | Fördert gute Waldnutzung
FSC® C083411

Kolibri 360 GmbH
Ferdinand-Jühlke-Straße 7
99095 Erfurt, Deutschland
produktsicherheit@kolibri360.de